浙江省高职院校"十四五"重点教材

工业机器人现场编程与操作

主　编　王哲禄　董玲娇
副主编　程向娇　刘路明　陈昌安
参　编　张天成　黄金梭　龙茂辉

机械工业出版社

本书以工业机器人应用编程实训平台为载体，基于 FANUC 工业机器人进行教学项目设计，主要内容包含八个典型项目，分别为工业机器人绘图、切割、搬运、码垛、焊接、电动机装配、视觉分拣以及 RFID 综合应用编程。本书遵循"行动导向、任务驱动"理念，围绕任务目标、任务准备、任务分析、任务实施、任务评价和任务反馈开展教学活动，由易到难，由单一到综合，完成工业机器人现场编程与操作的项目化实践学习。

本书可作为高等职业院校、职业技术大学、应用型本科院校的工业机器人技术、电气自动化技术、机电一体化技术、生产过程自动化技术等自动化类、装备制造类专业相关课程的教材，也可作为相关工程技术人员的参考资料和培训教材。

本书配备的教学资源丰富，具体包括微课教学视频、教学设计、电子课件、授课计划等，读者可登录机械工业出版社教育服务网（www.cmpedu.com）注册后免费下载或观看。

图书在版编目（CIP）数据

工业机器人现场编程与操作 / 王哲禄，董玲娇主编. 北京：机械工业出版社，2024.12. -- （浙江省高职院校"十四五"重点教材）. -- ISBN 978-7-111-77180-7

Ⅰ. TP242.2

中国国家版本馆 CIP 数据核字第 2025JC7677 号

机械工业出版社（北京市百万庄大街 22 号　邮政编码 100037）
策划编辑：薛　礼　　　　　责任编辑：薛　礼　王莉娜
责任校对：梁　静　张　征　　封面设计：王　旭
责任印制：郜　敏
中煤（北京）印务有限公司印刷
2025 年 2 月第 1 版第 1 次印刷
184mm×260mm・14.75 印张・365 千字
标准书号：ISBN 978-7-111-77180-7
定价：52.80 元

电话服务　　　　　　　　　　网络服务
客服电话：010-88361066　　　机　工　官　网：www.cmpbook.com
　　　　　010-88379833　　　机　工　官　博：weibo.com/cmp1952
　　　　　010-68326294　　　金　书　网：www.golden-book.com
封底无防伪标均为盗版　　　　机工教育服务网：www.cmpedu.com

前言 PREFACE

本书是国家级"双高"专业群和国家级职业教育教师教学创新团队课题（课题编号：SJ2020010102）支撑建设的课程配套教材，并入选浙江省高职院校"十四五"首批重点立项建设教材项目，也是"机械行业职业教育重点领域专业教学资源建设研究专项课题"成果教材。本书是一本以工业机器人典型工作项目为载体，以实际工作过程为导向的活页式"新形态"教材，辅学辅教。

工业机器人在制造业转型升级中起重要作用，它具有可编程、拟人化、通用性和技术多样性等特点，工业机器人的研发、制造、应用已成为衡量一个国家科技创新和高端制造业水平的重要标志。随着人工智能技术、计算机技术的快速发展，以及工业自动化水平的迅速提高，近几年机器人新技术、新产品层出不穷，工业机器人与机器视觉、工业网络、PLC、RFID 等新技术相结合，在工业生产中已占据了非常重要的地位，尤其是在自动化生产中以工业机器人构成其核心的技术。因此，在工业机器人技术飞速发展的今天，企业对工业机器人应用型人才的需求也在逐年增加，对其要求也在不断提高。

基于上述背景，并以高等职业院校、职业技术大学和应用型本科院校的工业机器人技术及相关专业的人才培养岗位能力要求为依据，课题组王哲禄、董玲娇等老师联合相关企业技术人员编写了本书。在编写过程中借鉴"行动导向、任务驱动"教育理念，将工业机器人技术的核心知识点和技能点融入八个典型项目中，包括工业机器人绘图、切割、搬运、码垛、焊接、电动机装配、视觉分拣和 RFID 综合应用编程。本书同时采用项目化编写方式，每个项目均包含多个任务，每个任务都围绕任务目标、任务准备、任务分析、任务实施、任务评价和任务反馈六步展开教学。八个项目相互之间的知识点和技能点相互关联，但难易程度由简单到复杂，读者通过完成渐次复杂的工作任务，可逐步提升工程实践能力，实现对工业机器人现场编程与操作的系统掌握和应用。

编者在编写过程中参阅了许多同行、专家的教材和资料，得到了不少灵感和启发，在此向相关作者致以诚挚的谢意！

由于编者水平有限，本书难免有不足或不妥之处，敬请读者批评指正。

编　者

二维码索引

资源名称	二维码	页码	资源名称	二维码	页码
工业机器人控制系统及示教器		6	Roboguide 软件与工业机器人连接		49
工业机器人关节运动		14	工业机器人程序的导入与导出		49
工业机器人线性运动		15	工业机器人视觉模块调试光源		128
工业机器人程序的创建与运行		20	工业机器人的视觉检测		131
工业机器人程序的编辑		20	视觉分拣工作站编程实训		185
三点示教法创建工具坐标		39	工业机器人工作站PLC编程		205
六点示教法创建工具坐标		39	电动机装配工作站编程实训		218
三点示教法创建用户坐标		44			

目录 CONTENTS

前言
二维码索引

项目一　工业机器人绘图编程与操作　1

　　任务一　认识工业机器人　3
　　任务二　工业机器人的手动操作　12
　　任务三　绘图机器人示教编程　18
　　任务四　绘图机器人程序运行与调试　26

项目二　工业机器人切割编程与操作　31

　　任务一　切割机器人工作站的安装与准备　33
　　任务二　切割工具坐标系的标定与验证　38
　　任务三　切割机器人示教编程　43
　　任务四　切割机器人程序运行与调试　51

项目三　工业机器人搬运编程与操作　58

　　任务一　搬运机器人工作站的安装与准备　60
　　任务二　工业机器人 I/O 接口的使用　65
　　任务三　搬运机器人示教编程　69
　　任务四　搬运机器人程序调试与优化　74

项目四　工业机器人码垛编程与操作　78

　　任务一　码垛机器人工作站的安装与准备　80
　　任务二　码垛堆积类型及码垛流程设计　84
　　任务三　码垛机器人示教编程　88
　　任务四　码垛机器人程序调试与优化　93

项目五　带外部轴焊接机器人工作站编程与操作　97

　　任务一　带外部轴焊接机器人工作站的安装与准备　99
　　任务二　带外部轴的焊接模块的安装与测试　104
　　任务三　焊接工具坐标系的标定与验证　107
　　任务四　焊接机器人程序调试与优化　111

项目六 工业机器人电动机装配编程与操作 115

  任务一 电动机装配机器人工作站布局与测试 117
  任务二 视觉检测模块的设置 123
  任务三 多工位旋转供料模块的设置 137
  任务四 电动机装配机器人工作站的编程应用 146

项目七 工业机器人视觉分拣编程与操作 157

  任务一 视觉分拣机器人工作站布局与通信配置 159
  任务二 人机界面与视觉检测模块的设置 167
  任务三 输送模块的设置 179
  任务四 视觉分拣机器人工作站的编程应用 184

项目八 工业机器人 RFID 综合应用编程 194

  任务一 RFID 检测模块的安装与测试 196
  任务二 工业机器人与 PLC 信息交互 203
  任务三 工业机器人与变位机信息交互 209
  任务四 基于 RFID 的电动机装配机器人工作站的编程应用 218

参考文献 230

项目一 工业机器人绘图编程与操作
PROJECT 1

知识目标

1) 了解工业机器人的发展及应用。
2) 熟悉工业机器人的系统结构、分类及主要参数。
3) 掌握工业机器人的示教器手动操作、运动方式及安全规范。
4) 掌握工业机器人简单的运动指令、子程序调用指令的运用。
5) 掌握工业机器人的示教器程序新建、保存和加载。
6) 掌握工业机器人单步、连续运行的步骤,能够执行单步和连续运行并调试。

技能目标

1) 能够根据安全规程,对工业机器人进行正确的开机、关机和急停操作。
2) 能够使用示教器,对工业机器人进行关节、线性等手动操作。
3) 能够根据工作任务要求,应用运动指令绘制典型的图形轨迹。
4) 能够根据工作任务要求,编写工业机器人绘图程序,并进行运行和调试。

素养目标

1) 培养深厚的爱国情怀和中华民族自豪感。
2) 培养精益求精的工匠精神和工作态度。
3) 培养协同合作能力,多参与实训室清洁、维护保养活动,熟悉"6S"管理制度。

职业技能等级要求

工业机器人应用编程证书技能要求(初级)	
1.1.1	能够通过示教盒或控制柜设定工业机器人手动、自动等运行模式
1.1.3	能够根据操作手册设定语言界面、系统时间、用户权限等环境参数
2.1.1	能够根据安全规程,正确起动、停止工业机器人,安全操作工业机器人
2.1.2	能够及时判断外部危险情况,操作紧急停止按钮等安全装置
2.1.4	能够根据工作任务要求,使用示教盒对工业机器人进行单轴、线性、重定位等操作
2.2.1	能够根据工作任务要求,选择和加载工业机器人程序
2.2.2	能够使用单步、连续等方式,运行工业机器人程序
3.1.2	能够根据工作任务要求,使用直线、圆弧、关节等运动指令进行示教编程

项目描述

工业机器人是面向工业领域的多关节机械手或多自由度的机器人。工业机器人是自动执行工作的机器装置,是靠自身动力和控制系统来实现各种功能的一种机器。它可以接受人类指挥,也可以按照预先编写的程序运行,现代的工业机器人还可以根据人工智能技术制定的原则进行作业。

本项目主要以多边形和曲线图形为例,利用工业机器人搭载的绘图工具实训套件,通过示教器手动操作、编写程序,实现各种形状的平面及空间轨迹的绘制,同时单步、连续运行并调试绘图机器人。

平台准备

本项目所用平台包括表 1-1 中各部分。

表1-1 平台各部分的名称及外形图

名称	YL-18 机器人工作台	FANUC 工业机器人	快换装置模块
外形图			
名称	绘图模块	绘图工具	快换装置
外形图			
名称	气泵		
外形图			

任务一　认识工业机器人

任务目标

1）了解工业机器人的发展及应用。
2）熟悉工业机器人的系统结构、分类及主要参数。
3）能够正确设定示教器的语言界面、负载参数以及轴动作参数。
4）能够根据安全规程，对工业机器人进行正确的开机、关机和急停操作。

任务准备

一、工业机器人的发展及应用

1. 工业机器人的诞生及发展

工业机器人是面向工业领域的多关节机械手或多自由度的机器装置，具有柔性好、自动化程度高、编程容易、通用性强等特点。在工业领域中，工业机器人能够代替人进行单调重复的生产作业，或是在危险恶劣环境中完成加工操作。

1954 年，美国人乔治·戴沃尔最早提出了工业机器人的概念，并申请了专利。该专利的要点是借助伺服技术控制机器人的关节，通过人手对机器人进行动作示教，机器人能实现动作的记录和再现，这就是所谓的示教再现机器人，现有的机器人大多采用这种控制方式。1959 年，第一台工业机器人在美国的 UNIMATION 公司诞生，开创了机器人发展的新纪元。

20 世纪 80 年代，随着制造业的发展，工业机器人在发达国家走向普及，并向高速、高精度、轻量化、成套系列化和智能化发展，以满足多品种、少批量生产的需要。

20 世纪 90 年代至今，随着计算机技术、智能技术的进步和发展，第二代具有一定感觉功能的机器人已经实用化并开始推广，具有视觉、触觉、高灵巧手指和行走功能的第三代智能机器人相继出现并开始走向应用。图 1-1 所示为我国新松公司研制的智能

a)

b)

图 1-1　智能工业机器人制造生产线和双臂机器人

工业机器人制造生产线和双臂机器人。目前，我国已经成为全球最大的工业机器人市场，我国机器人技术产品不断创新，为产业发展注入强劲动力，推动我国制造业快速发展，迈向新的台阶。

2. 工业机器人在智能制造中的应用

以工业机器人为标志的智能制造广泛应用于各个行业，主要用于汽车制造、电气电子、自动化生产等领域的搬运、焊接、喷涂、装配、码垛、涂胶、打磨、雕刻、检验等复杂作业。

（1）在汽车制造行业　在汽车制造过程中，工业机器人可以承担焊接、喷涂、装配和涂胶等各种任务，从而提高生产线的效率和产品质量；在汽车零部件制造中，工业机器人也可以用于模具铸造、铣削和车削等多种工艺中，提高了生产效率和良品率。

（2）在电气电子行业　工业机器人已被广泛应用于手机等电子产品的制造和包装中，它以高度灵活的方式移动和操作，可以精确地执行复杂的组装任务，为生产线的高效自动化提供了关键支持，确保了产品精度和质量，有效地避免了人工操作错误对产品品质带来的不良影响。

（3）在自动化生产行业　工业机器人是一种非常重要的设备，它可以自主地进行零件装配、检测和包装等任务，提高了企业的生产效率。工业机器人的可编程性和高精度控制技术，还使其能够快速适应不断变化的生产需求，实现批量或小批量生产的快速转换。

二、工业机器人的系统结构、分类及主要参数

1. 工业机器人的系统结构

工业机器人的总体结构如图1-2所示，可以分为三大部分，共六个子系统。三大部分、六个子系统是一个统一的整体，如图1-3所示。三大部分分别为机械部分、控制部分和传感部分，六个子系统分别为机械结构系统、驱动系统、感知系统、机器人-环境交互系统、人机交互系统和控制系统。

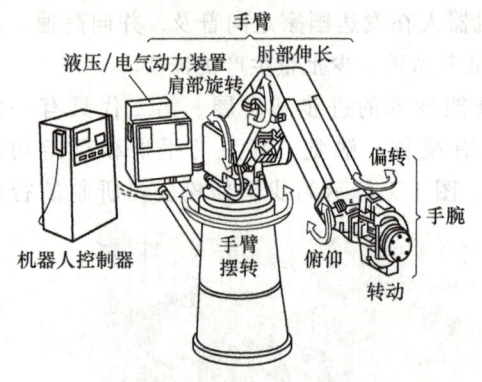

图1-2　工业机器人的总体结构

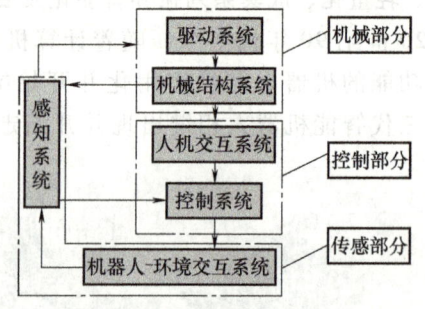

图1-3　三大部分、六个子系统的示意图

2. 工业机器人的分类

（1）按照拓扑结构分类　根据工业机器人机械结构对应的运动链的拓扑结构，可将工业机器人分为串联结构机器人、并联结构机器人和混联结构机器人。串联结构机器人和并联结构机器人分别如图1-4和图1-5所示。

图1-4 串联结构机器人

图1-5 并联结构机器人

（2）按照工业机器人的坐标系分类　工业机器人按照结构型式的不同，可以分为直角坐标型工业机器人、圆柱坐标型工业机器人、球坐标型工业机器人和关节坐标型工业机器人，如图1-6所示。

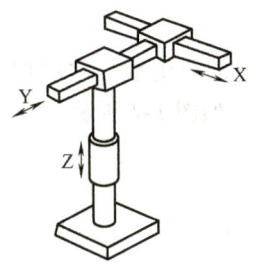
a) 直角坐标型工业机器人

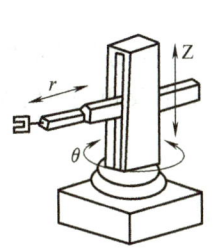
b) 圆柱坐标型工业机器人

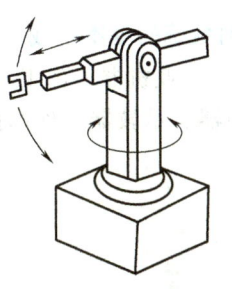
c) 球坐标型工业机器人

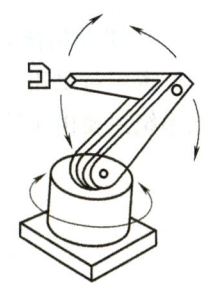
d) 关节坐标型工业机器人

图1-6 按照工业机器人坐标系分类

（3）按照驱动方式分类　按照驱动方式的不同，工业机器人可以分为液压型工业机器人、电动型工业机器人、气压型工业机器人，其特点见表1-2。

表1-2 液压型、电动型、气压型工业机器人特点

名称	特点
液压型工业机器人	液压压力比气压压力大得多，故液压型工业机器人具有较大的抓举能力，可达上千牛顿，这类工业机器人结构紧凑，传动平稳，动作灵敏，但对密封性要求较高，且不宜在高温或者低温环境下使用
电动型工业机器人	电动型工业机器人是目前用得较多的一类工业机器人，不仅因为电动机品种众多，为工业机器人设计提供了多种选择，还因为电动型工业机器人可以运用多种灵活的驱动方法，早期的电动型工业机器人多采用步进电动机驱动，后期使用直流伺服驱动单元或者直接驱动操作机，再或者通过诸如谐波减速器的装置在减速后驱动，结构十分紧凑、简单
气压型工业机器人	气压型工业机器人以压缩空气来驱动操作机，其优点是空气来源方便，动作迅速，结构简单，造价低，无污染；缺点是空气具有可压缩性，导致工作速度的稳定性较差，这类工业机器人的抓举力较小，一般只有几十牛顿

3. 工业机器人的主要技术参数

工业机器人的主要技术参数主要包括以下几个方面。

（1）自由度　自由度是指机器人执行机构运动所需要的独立坐标轴运动的数目，也就是机器人能活动的关节数量或电动机轴数量。手指工具的自由度一般不包括在内。机器人的自由度一般等于关节数目，常用的自由度一般不超过6个。

（2）额定负载　额定负载是指工业机器人在工作范围内的任何位置上，机械部分可以承受的最大质量，一般以千克（kg）为单位，表示机器人的承载能力。

（3）动作范围　动作范围也称为工作空间，指机器人手腕参考点或末端执行器安装点所能到达的所有空间区域，有时也以机器人在X、Y、Z方向的最大工作半径作为动作范围标准。

（4）定位精度与重复精度　定位精度是指机器人到达指定点的精确程度。重复精度是指在相同的位置指令下，机器人连续重复若干次动作，其位置的偏差分散情况的最大值。

（5）最大速度　最大速度是指在各轴联动的情况下，机器人手腕中心所能达到的最大线速度。

（6）其他参数　其他参数还包括运动学参数、动力学参数、控制参数、传感参数、编程参数、维护参数等。

三、工业机器人的操作准备

1. 工业机器人及控制系统的基本组成

本项目采用的FANUC工业机器人由工业机器人、控制器及示教器三部分组成。它的控制系统主要由机器人控制器、示教器、外部控制系统以及相关电缆组成，如图1-7所示。

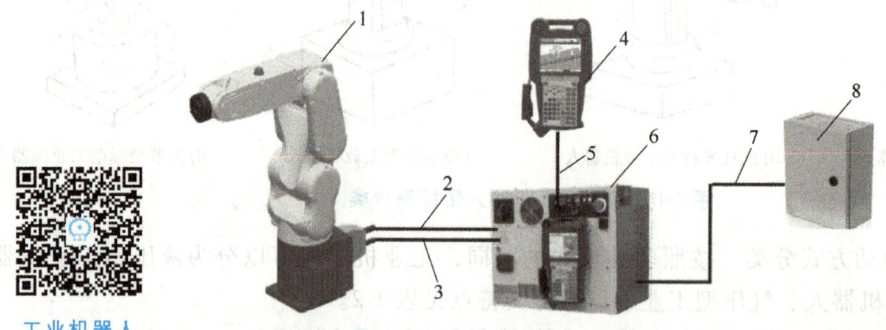

图1-7　工业机器人控制系统

1—工业机器人本体　2—动力电缆　3—编码器电缆　4—示教器　5—示教器电缆
6—机器人控制器　7—电源电缆　8—外部控制系统

FANUC工业机器人Mate控制器是工业机器人的控制机构，是工业机器人控制核心。FANUC 200iD系列机器人使用R-30iB Mate控制柜，如图1-8所示。

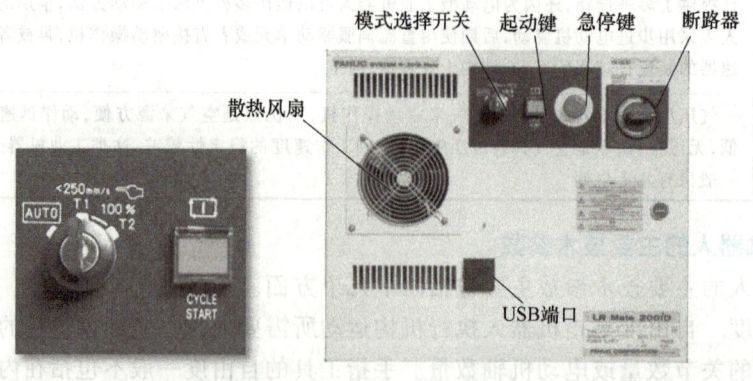

图1-8　R-30iB Mate控制柜

2. 工业机器人开机、关机和急停操作

（1）工业机器人正确开机步骤

1) 检查工业机器人周边设备、作业范围是否符合开机条件。
2) 检查电源是否正常接入。
3) 确认控制柜和示教器上的急停按钮已经旋起。
4) 打开工业机器人控制柜上电源开关（由 0 旋至 1）。
5) 等待 20s 左右，示教器界面自动开启，机器人开机完成。

（2）工业机器人正确关机步骤

1) 将工业机器人示教器上的模式开关切换到手动操作。
2) 手动操作机器人返回到原点位置。
3) 按下示教器和控制柜上的急停按钮。
4) 将示教器放置到指定位置。
5) 关闭控制柜上的电源开关。
6) 整理机器人系统周边设备、电缆、工件等物品。

此外，工业机器人是工业领域中能自动执行工作、靠自身动力和控制系统来实现各种功能的机器装置，为保证作业的安全，在系统示教器和控制柜上设置了两个紧急停止按钮。按照安全规范操作，按下紧急停止按钮后，工业机器人示教器界面出现紧急停止报警；再次运行工业机器人前，必须先清除紧急停止报警，确认示教器的状态栏中报警信息消失。

3. 工业机器人环境参数设置

（1）示教器语言 可以变更示教器的系统语言，修改后，通过重新接通控制装置的电源来完成变更。示教器语言设定步骤如下：

1) 按示教器上的［MENU］（菜单）键，显示出菜单界面，选择"6 设置"→"3 常规"，如图 1-9 所示。
2) 在常规设置界面进行语言设置，选择"2 当前语言"，按［F4］（选择）键，如图 1-10 所示。

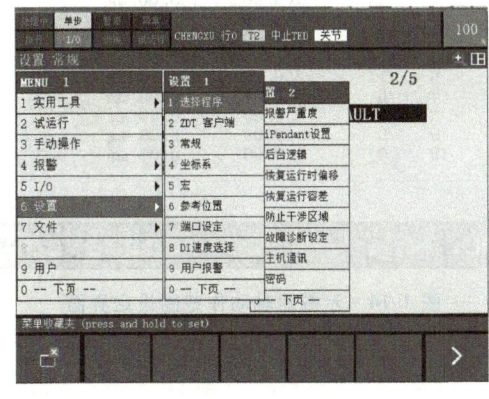

图 1-9 示教器菜单界面 1

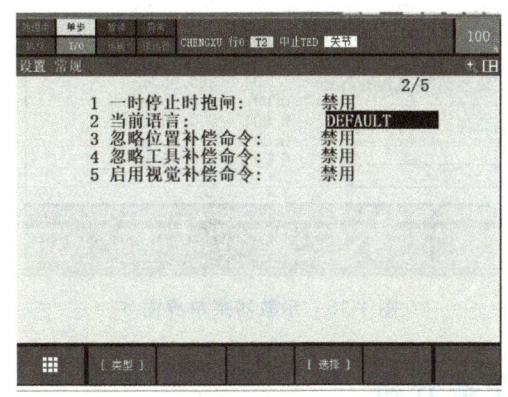

图 1-10 示教器当前语言设置

（2）负载参数设定 负载参数设定是与安装在工业机器人的负载信息（重量、重心位置等）相关的设定。

负载参数设定步骤如下：

1）按［MENU］（菜单）键，显示菜单界面，如图1-11所示，选择"0下页"，再选择"6系统"→"6动作"，即显示负载信息。

2）将光标指向任一编号的行，按［F3］（详细）键，即进入负载设定界面，如图1-12所示，分别设定负载的重量、中心位置、中心惯量。

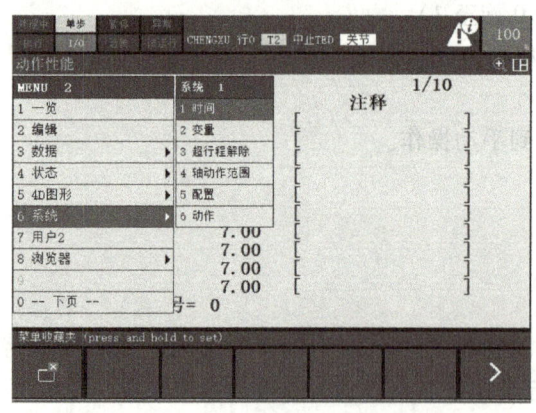

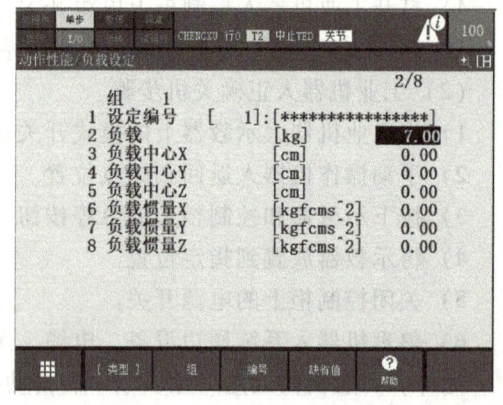

图1-11 示教器菜单界面2　　　　　　　图1-12 示教器当前负载设定界面

（3）轴动作范围设置　轴动作范围设置是通过软件来限制工业机器人动作范围的一种功能。通过设定轴动作范围，可以对工业机器人的可动范围标准值进行变更。

轴动作范围设置步骤如下：首先，按［MENU］（菜单）键，显示菜单界面，如图1-13所示，选择"0下页"，再选择"6系统"→"4轴动作范围"，即显示轴动作范围设定界面，如图1-14所示。

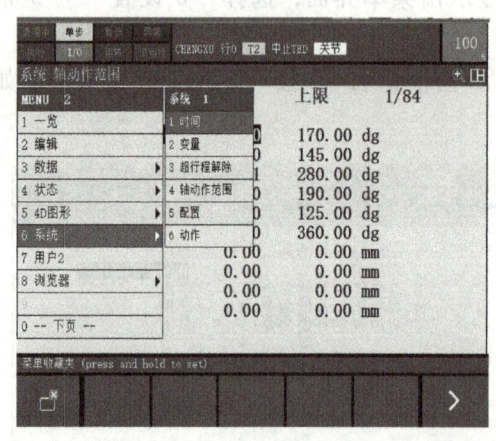

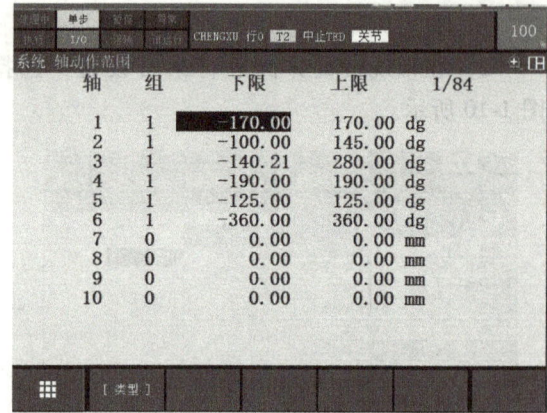

图1-13 示教器菜单界面3　　　　　　　图1-14 示教器轴动作范围设定界面

任务分析

在了解工业机器人系统结构及组成的基础上，进行实物观察、记录。根据工业机器人的安全操作规范，进行工业机器人的开机、关机规范操作以及急停操作并使用示教器进行工业机器人环境参数的设置。

1. 工作计划

引导问题1：工业机器人开机、关机的规范操作步骤是什么？如何在紧急情况下进行工业机器人的急停操作？

_____
_____

引导问题2：工业机器人的环境参数有哪些？如何设置工业机器人的环境参数？

_____
_____

2. 进行决策

引导问题1：分组讨论该工业机器人的控制系统功能，开机、关机操作步骤，工业机器人急停按钮的使用方法。

_____
_____

引导问题2：师生讨论并确定工业机器人环境参数的设置步骤。

_____
_____

任务实施

1. 项目学习准备

1）根据任务要求，指导教师事先了解教学工业机器人工作站，清点设备台套数，做好用电安全检查和测试，做好预案（观察路线、学生分组等）。

2）指导教师对操作的安全规范做出要求，并进行学生任务分配。任务分配表见表1-3。

表1-3 学生任务分配表

班级		组号			指导教师	
组长		学号				
组员	姓名	学号	姓名	学号	姓名	学号
任务分工						

2. 认识工业机器人系统的组成和结构

通过课堂学习，认识工业机器人本体、示教器及控制系统，观察、记录控制器面板上的按钮及功能。

3. 对工业机器人进行开机、关机和急停操作

根据实训室安全操作规范，进行工业机器人开机、关机和急停操作，将操作步骤记录在表 1-4 中，检查示教器并将其合理放置。

表 1-4 工业机器人开机、关机和急停操作步骤记录

序号	开机	关机	急停
1			
2			
3			
4			
5			

4. 对工业机器人的环境参数进行设置

以小组为单位，在指导教师的带领下，设置示教器语言、工业机器人负载参数和轴动作范围，其中，将语言设置为中文，手臂负载轴#1 和轴#3 数值设置为 10，并根据工业机器人型号设置轴动作范围，将设置步骤记录在表 1-5 中。

表 1-5 工业机器人环境参数设置步骤

序号	示教器语言设置	负载参数设置	轴动作范围设置
1			
2			
3			
4			
5			
6			

5. 实训总结

学生分组，每人讲述所观察的工业机器人控制系统、机器人规范操作和环境参数配置步骤，要求做到能说出控制系统的主要组成，开、关机规范操作步骤及三个环境参数的配置方法。

提示："6S"管理包括整理（SEIRI）、整顿（SEITON）、清扫（SEISO）、清洁（SEIKETSU）、素养（SHITSUKE）、安全（SAFETY）六个项目，因均以"S"开头，简称"6S"。

任务评价

1. 自我检查与评价

学生根据工作任务完成情况进行自我检查与评价，并将评分值记录于表 1-6 中。

表 1-6 学生评价表

工作任务	考核内容	配分	评分标准	得分	备注
认识工业机器人	1. 安全意识与规范操作	10分	1）遵守实训室相关安全操作规范，5分 2）具备安全用电、规范操作的意识，5分		
	2. 工业机器人的开机、关机和急停操作	30分	1）工业机器人的开机操作，10分 2）工业机器人的关机操作，10分 3）工业机器人的急停操作，10分		
	3. 示教器语言、工业机器人负载参数和轴动作范围的设置	45分	1）示教器语言的设置，15分 2）工业机器人负载参数的设置，15分 3）工业机器人轴动作范围的设置，15分		
	4. 职业规范与实训平台"6S"管理	15分	1）电工工具、扳手和器材摆放整齐，5分 2）做好气动设备及气动元器件维护，5分 3）实训平台"6S"管理，场地清理及打扫，5分		
	自我评分＝（1～4项总分）×40%				

2. 小组检查与评价

同小组学生在自评基础上相互检查与评价，并将评分值记录于表1-7中。

表 1-7 小组评价表

评价内容	配分	评分
1. 项目实施记录与客观自我评价	20分	
2. 工业机器人规范操作和环境参数设置	40分	
3. 团队协作、实践能力	20分	
4. 安全意识、态度认真、"6S"管理	20分	
小组评分＝（1～4项总分）×30%		

3. 教师检查与评价

指导教师在学生自评与互评结果的基础上对其进行检查与综合评价，并将意见与评分记录于表1-8中。

表 1-8 教师评价表

教师总体评价	教师评价（30分）五级制：优秀（30～27）、良好（26～24）、中等（23～21）、及格（20～18）、不及格（18以下）
	评价等级及分值
总评分＝自我评分＋小组评分＋教师评分	

任务反馈

任务学习情况	
心得与反思	

拓展训练

1. 简述工业机器人的定义、系统组成及分类。
2. 工业机器人的主要技术参数包括哪些？
3. 工业机器人的精度和重复定位精度主要有什么区别？
4. 简述工业机器人开机、关机和急停的操作步骤。
5. 工业机器人修改负载参数的作用是什么？
6. 查阅资料，记录三种以上工业机器人的J1~J6的动作范围，比较工作范围的大小。

任务二 工业机器人的手动操作

任务目标

1）认识工业机器人示教器。
2）熟悉工业机器人的坐标系，掌握关节运动、线性运动的操作方法。
3）能够根据工作任务要求，切换坐标系进行工业机器人的关节运动和线性运动。

任务准备

一、认识工业机器人的示教器

工业机器人的示教器是一种手持式操作装置，用于执行与工业机器人系统有关的许多任务，如编写程序、运行程序、修改程序、手动操作、参数配置、监控工业机器人状态等。示教器上有使能键、急停按钮和一些功能键。操作工业机器人时通常是左手手持示教器，右手进行操作。工业机器人示教器的手持方式如图1-15所示。

示教器使能键是为保证操作人员人身安全而设置的，只有在按下使能键，并保证在电动机开启的状态，才能对工业机器人进行手动操作与程序调试。示教器的按键功能如图1-16所示。

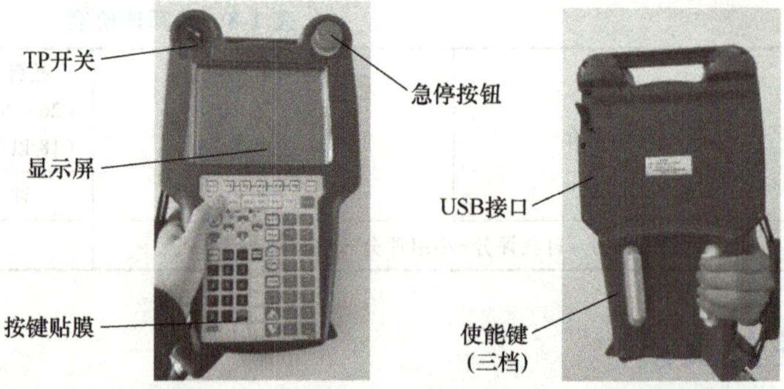

二、工业机器人坐标系

工业机器人坐标系是为确定工业机器人的位置和姿态而在工业机器人空间上进行定义的位置坐标系统。常用的工业机器人坐标系有关节坐标系、世界坐标系、工具坐标系、用户坐标系等。其中世界坐标系、工具坐标系、用户坐标系均属于笛卡儿坐标系。工业机器人所使用的大部分坐标系都是笛卡儿

图1-15 工业机器人示教器的手持方式

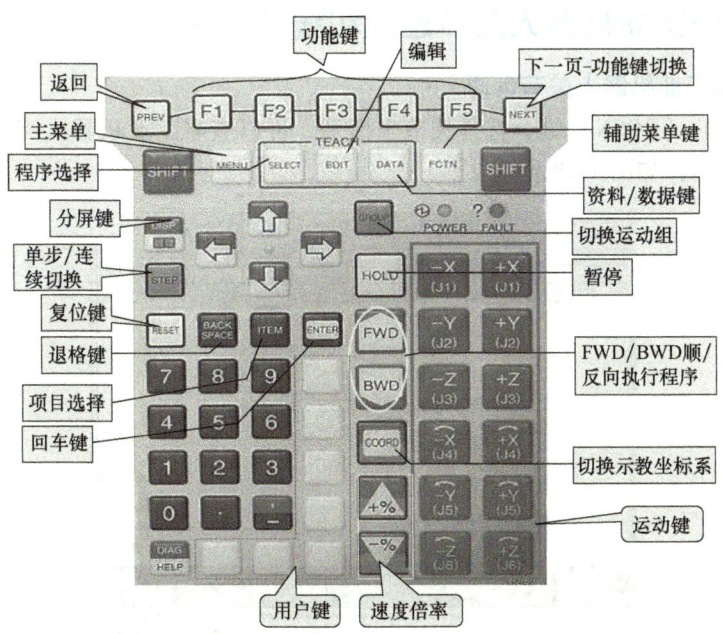

图 1-16　示教器的按键功能

坐标系，符合右手规则。

关节坐标系是设定在工业机器人关节中的坐标系。关节坐标系中的工业机器人的位置和状态，以各关节底座侧的关节坐标系为基准而确定。工业机器人的关节与 0°刻度标记位置对齐时，该关节处于 0°位置。工业机器人的每个关节均有 0°刻度标记位置。如图 1-17 所示，工业机器人可以在 J1~J6 上实现六个关节的运动，从而改变位姿。

世界坐标系是被固定在空间上的标准笛卡儿坐标系，其被固定在工业机器人事先确定的位置，如图 1-18 所示。世界坐标系又称绝对坐标系，它的 X、Y、Z 三个轴相交于原点，且两两呈 90°垂直。工业机器人可以切换到世界坐标系下进行线性运动。

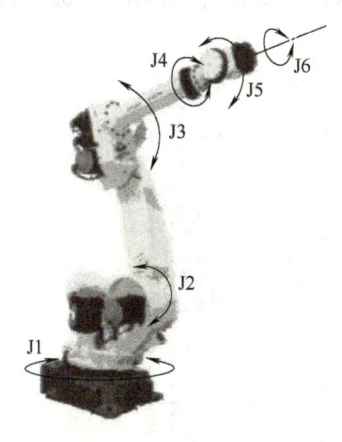

图 1-17　关节坐标系

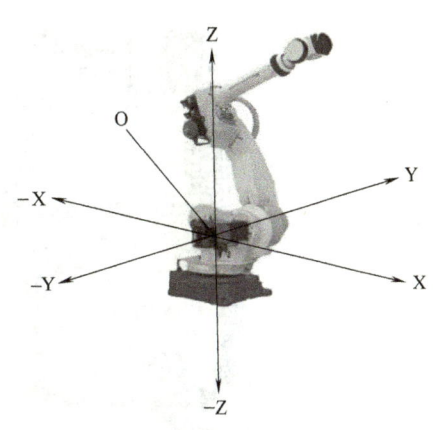

图 1-18　世界坐标系

三、手动操作工业机器人关节运动和线性运动

1. 手动操作工业机器人关节运动

按示教器上的［POSN］键，选择关节坐标系，可以查看工业机器人当前在关节坐标系下的位置状态数据，如图 1-19 所示。

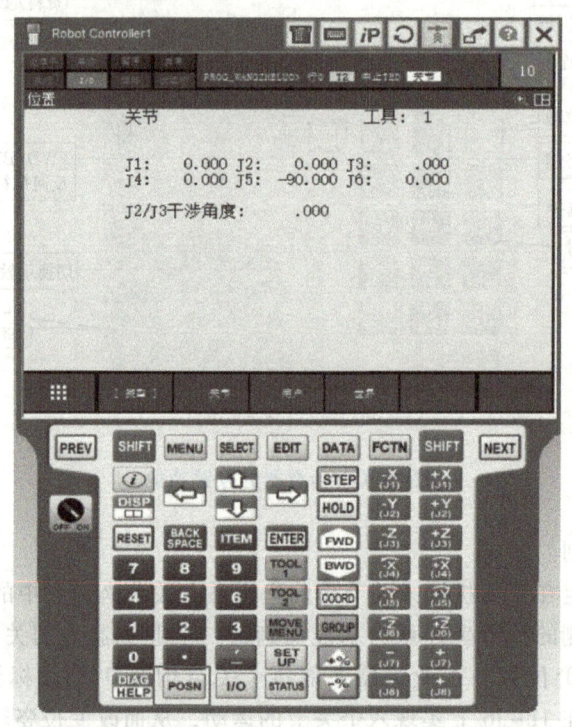

工业机器人
关节运动

图 1-19 关节坐标系位置状态数据

屏幕上的位置信息随工业机器人的运动实时动态更新，该位置信息只能显示，不能被手动修改。如果系统中安装了扩展轴，则 E1、E2 及 E3 表示扩展轴的位置信息。

手动操作工业机器人的关节运动时，如图 1-20 所示，需要按［COORD］键，将工业机

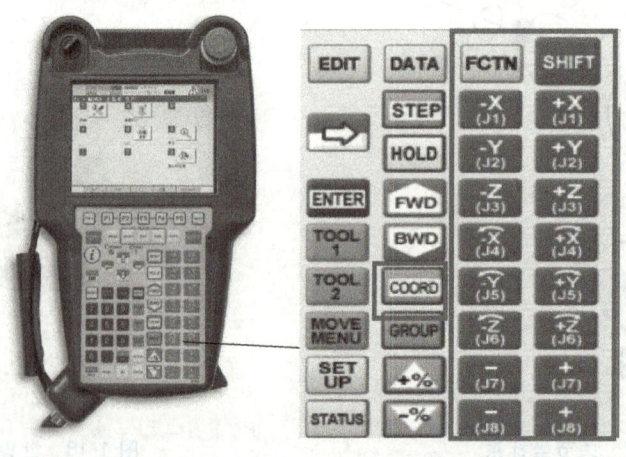

图 1-20 手动操作工业机器人关节运动

器人切换到关节坐标系下。运动时,按住使能键+[SHIFT]键,同时配合 J1~J6 按键操作工业机器人进行关节运动。

2. 手动操作工业机器人线性运动

工业机器人示教操作时,通常采用手动操作世界坐标系,通过 X、Y、Z 轴的正、负方向的移动,将工业机器人末端工具移动到目标位置进行现场示教。

按示教器上的[POSN]键,选择世界坐标系,则可以查看工业机器人当前在世界坐标系下的位置状态数据,如图 1-21 所示。

手动操作工业机器人的线性运动时,需要按[COORD]键,将工业机器人切换到世界坐标系下。运动时,按住使能键+[SHIFT]键,同时配合 X、Y、Z 三个方向的移动和旋转按键操作工业机器人进行线性运动。

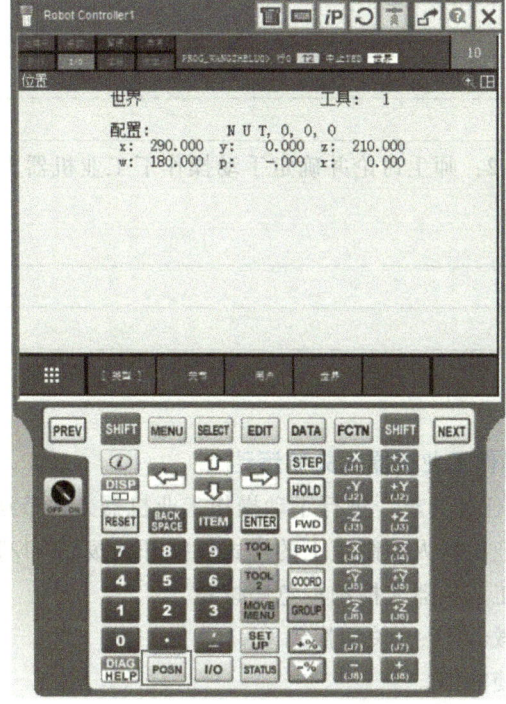

工业机器人
线性运动

任务分析

在了解工业机器人示教器的基本操作、坐标系及手动操作的基础上,进行工业机器人坐标系的切换,根据工作任务要求,手动操作工业机器人的关节运动和线性运动。

1. 工作计划

引导问题 1:手动操作工业机器人时,如图 1-22 所示,如何设置控制器和示教器?

图 1-21 世界坐标系位置状态数据

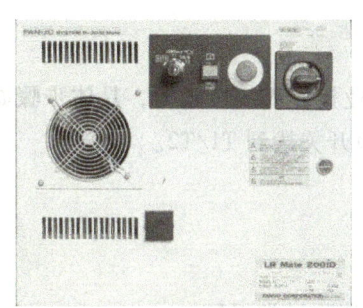 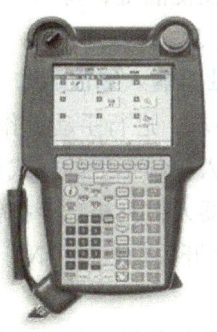

图 1-22 工业机器人控制器和示教器

引导问题2：手动操作工业机器人时，世界坐标系和按键如何配合使用？

_____
_____

2. 进行决策

引导问题1：分组讨论该工业机器人关节坐标系，分析手动操作关节运动的步骤和调试方法。

_____
_____

引导问题2：师生讨论并确定手动操作下工业机器人线性运动的路径、速度和操作调试方法。

_____
_____

任务实施

1. 手动操作工业机器人关节运动

根据工作任务要求，进行手动操作工业机器人关节运动，具体步骤如下：

1）将工业机器人控制柜上的模式切换开关拨到 T1/T2。
2）释放工业机器人控制柜急停按钮。
3）将示教器 TP 开关切换到 ON。
4）按下使能键。
5）按示教器上的复位键［RESET］，消除异常报警。
6）按［COORD］键，选择关节坐标系。
7）左手四指按住使能键，拇指按住［SHIFT］键，配合关节运动按键，进行工业机器人关节运动操作，使 J1~J6 关节运动。

2. 手动操作工业机器人线性运动

根据工作任务要求，进行手动操作工业机器人线性运动，具体步骤如下：

1）将工业机器人控制柜上的模式切换开关拨到 T1/T2。
2）释放工业机器人控制柜急停按钮。
3）将示教器 TP 开关切换到 ON。
4）按下使能键。
5）按示教器上的复位键［RESET］，消除异常报警。
6）按［COORD］键，选择世界坐标系。
7）左手四指按住使能键，拇指按住［SHIFT］键，配合线性运动按键，进行工业机器人线性运动操作，可以进行 X、Y、Z 三个方向的直线运动以及绕着这三个方向的旋转运动。

任务评价

1. 自我检查与评价

学生根据工作任务完成情况进行自我检查与评价,并将评分值记录于表1-9中。

表1-9 学生评价表

工作任务	考核内容	配分	评分标准	得分	备注
工业机器人的手动操作	1. 安全意识与规范操作	10分	1)遵守实训室相关安全操作规范,5分 2)具备安全用电、规范操作的意识,5分		
	2. 工业机器人的手动关节运动	35分	1)完成工业机器人的控制柜上的模式切换开关拨到T1/T2,10分 2)释放工业机器人控制柜急停按钮,将示教器TP开关切换到ON,10分 3)按下使能开关,完成手动关节运动操作步骤与调试,15分		
	3. 工业机器人的手动线性运动	40分	1)沿着X方向的直线运动以及绕着X方向的旋转运动步骤与调试,15分 2)沿着Y方向的直线运动以及绕着Y方向的旋转运动步骤与调试,15分 3)沿着Z方向的直线运动以及绕着Z方向的旋转运动步骤与调试,10分		
	4. 职业规范与实训平台"6S"管理	15分	1)电工工具、扳手和器材摆放整齐,5分 2)做好气动设备及气动元器件维护,5分 3)实训平台"6S"管理,场地清理及打扫,5分		
			自我评分=(1~4项总分)×40%		

2. 小组检查与评价

同小组学生在自评基础上相互检查与评价,并将评分值记录于表1-10中。

表1-10 小组评价表

评价内容	配分	评分
1. 项目实施记录与客观自我评价	20分	
2. 手动操作工业机器人关节运动和线性运动的情况	40分	
3. 团队协作、实践能力	20分	
4. 安全意识、态度认真、"6S"管理	20分	
小组评分=(1~4项总分)×30%		

3. 教师检查与评价

指导教师在学生自评与互评结果的基础上对其进行检查与综合评价,并将意见与评分值记录于表1-11中。

表 1-11 教师评价表

教师总体评价		教师评价（30 分）五级制：优秀（30～27）、良好（26～24）、中等（23～21）、及格（20～18）、不及格（18 以下）
		评价等级及分值
总评分 = 自我评分 + 小组评分 + 教师评分		

任务反馈

项目学习情况	
心得与反思	

拓展训练

1. 工业机器人具有哪几种运动方式？
2. 工业机器人如何实现关节运动，具体操作步骤是什么？
3. 工业机器人如何实现线性运动，具体操作步骤是什么？
4. 简述工业机器人关节运动的应用场合，并举例说明。
5. 简述工业机器人线性运动的应用场合，并举例说明。

任务三　绘图机器人示教编程

任务目标

1）了解工业机器人运动指令。
2）能使用示教器进行位置点示教，并能进行程序新建、保存和加载。
3）能够根据工作任务要求，完成绘图机器人的图案绘制程序的创建与编辑。

任务准备

一、工业机器人的运动指令

1. 关节运动指令

一般起始点使用 J 关节指令。工业机器人将工具中心点（TCP）沿最快速轨迹送到目标点，工业机器人的姿态会随之改变。工业机器人最快速的运动轨迹通常不是最短的轨迹，因而关节轴运动的轨迹不是直线。工业机器人轴的旋转运动使其在弧形轨迹下的运动速度会比直线轨迹下的更快。关节运动指令示意图如图 1-23 所示。

（1）指令格式

J　P［1］　100%　FINE

或

J　P［1］　100%　CNT100

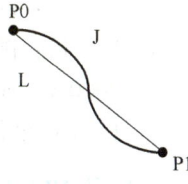

图 1-23　关节运动
指令示意图

（2）指令格式说明

1）J：工业机器人关节运动。

2）P［1］：目标点。

3）100%：工业机器人关节以 100% 速度运动。

4）FINE：单行指令运动结束稍作停顿。

5）CNT100：工业机器人运动中此行与下行指令以 100mm 半径圆弧过渡。

2. 线性运动指令

线性运动指令也称直线运动指令。工具中心点（TCP）按照设定的姿态从起点匀速移动到目标位置点，TCP 运动路径是三维空间中 P1 点到 P2 点的直线运动，如图 1-24 所示。直线运动的起始点是前一运动指令的示教点，结束点是当前指令的示教点。

（1）指令格式

L　P［1］　100mm/sec　FINE

或

L　P［1］　100mm/sec　CNT100

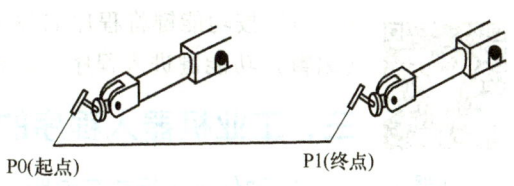

图 1-24　线性运动指令示意图

（2）指令格式说明

1）L：工业机器人直线运动。

2）P［1］：目标点。

3）100mm/sec：工业机器人 TCP 以 100mm/s 的速度运动。

4）FINE：单行指令运动结束稍作停顿。

5）CNT100：工业机器人运动中两行指令以 100mm 半径圆弧过渡。

（3）编程实例　根据图 1-25 所示的工业机器人运动轨迹，写出其运动程序。

图 1-25 所示运动轨迹的指令程序如下：

L　P［1］　200mm/sec　CNT10

L　P［2］　100mm/sec　FINE

J　P［3］　500mm/sec　FINE

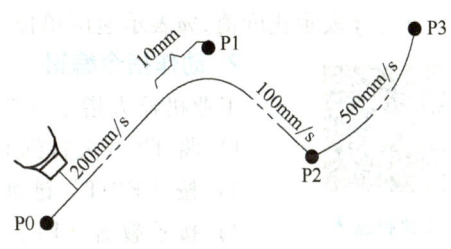

图 1-25　工业机器人运动轨迹

3. 圆弧运动指令

圆弧运动指令也称为圆弧插补运动指令。三点确定唯一圆弧，因此，圆弧运动需要示教三个圆弧运动点，起始点 P1 是上一条运动指令的末端点，P2 是中间辅助点，P3 是圆弧终点，如图 1-26 所示。

（1）指令格式

C　P［2］

　　P［3］　2000mm/sec　FINE

(2) 指令格式说明
1) C：工业机器人圆弧运动。
2) P［2］：圆弧中间点。
3) P［3］：圆弧终点。
4) 2000mm/sec：工业机器人 TCP 的运动速度为 2000mm/s。
5) FINE：单行指令运动结束稍作停顿。

图 1-26 圆弧运动指令示意图

二、工业机器人程序的创建

工业机器人应用程序由用户记录的指令，以及其他附带信息构成。程序除了记录工业机器人进行作业的指令信息外，还有对程序属性进行定义的详细信息。

工业机器人程序的创建步骤如下：
1) 按［SELECT］键进入程序目录界面。
2) 按［F2］（创建）功能键，进入程序创建命名界面，如图 1-27a 所示。
3) 选择程序命名方式，再使用（F1~F5）功能键写入程序名。注意：程序命名起始字符不能用空格，且不能以符号、数字开头。
4) 按功能键将程序名输入好之后，按［ENTER］键确认，再按［F3］（编辑）功能键进入程序编辑界面。

工业机器人程序的创建与运行

三、工业机器人程序的编辑

1. 动作指令格式与说明

（1）指令格式
N:J P［1］   j%   FINE；

（2）指令说明
N：程序行号。
J：动作类型（J 代表关节运动，L 代表直线运动，C 代表圆弧运动）。
P［1］：位置数据（P 代表一般数值寄存器、1 代表寄存器号）。
j%：j 表示速度值，% 表示速度单位（具有 %、mm/sec、cm/min 三种类型）。

2. 动作指令编辑

工业机器人指令示教步骤如下：
1) 将 TP 开关打到 ON 状态。
2) 按［EDIT］键进入程序编辑界面。
3) 按示教器［F1］（点）键，选择所需运动指令，按［ENTER］键确认，如图 1-27b、c 所示。
4) 移动工业机器人到所需位置，重复步骤 3)。
5) 按住［SHIFT］键+［F5］（示教）键，可以修改示教工业机器人目标点位置，并进行记录，如图 1-27d 所示。

工业机器人程序的编辑

此外，还可以进行工业机器人程序的删除、复制、重命名等功能，从而更好地完成工业机器人程序的编辑。

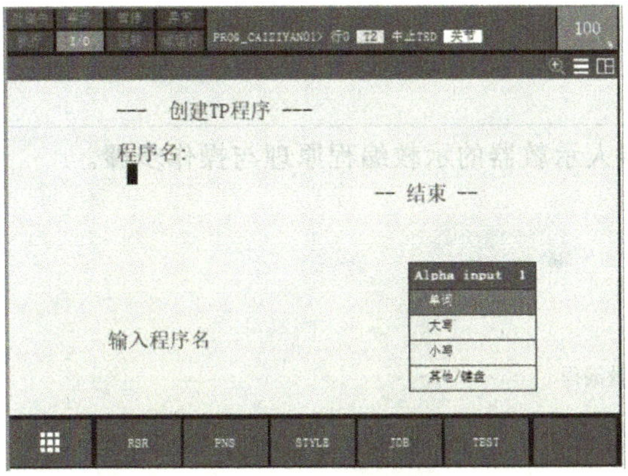

工业机器人绘图编程与操作 项目一

a) 创建TP程序

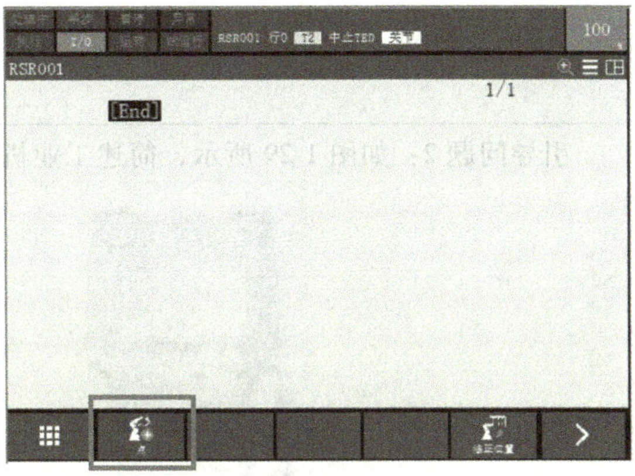

b) F1(点)功能键

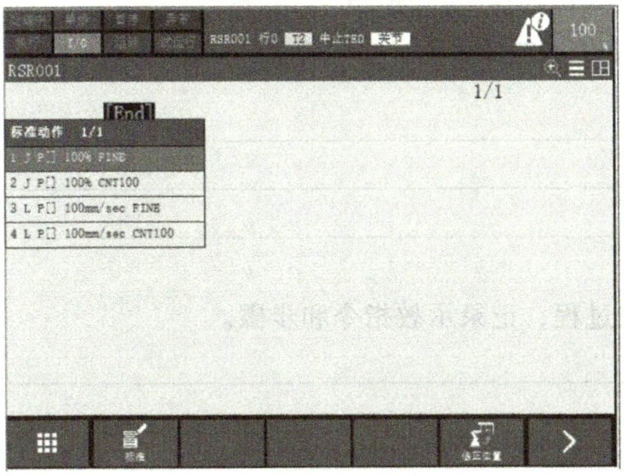

c) 选择所需运动指令

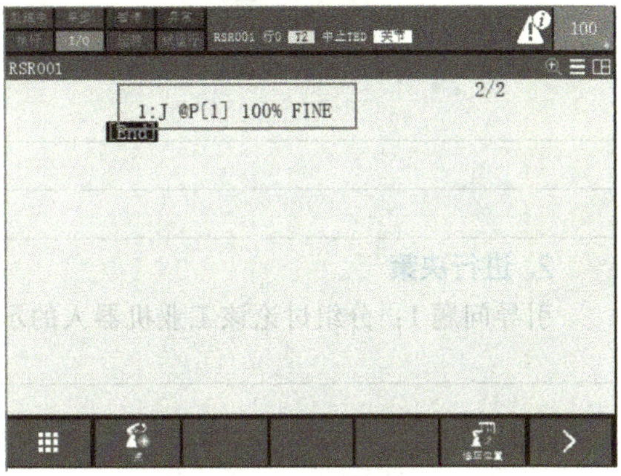

d) 确定完成点位示教

图 1-27 工业机器人指令示教步骤

任务分析

在了解工业机器人运动指令和基本程序示教编程原理基础上，根据绘图模块任务要求进行工业机器人绘图模块的程序编辑与示教。

1. 工作计划

引导问题1：工业机器人运动指令有哪些？如图1-28所示，列举完成绘图模块中具体平面和曲面图形需要的指令。

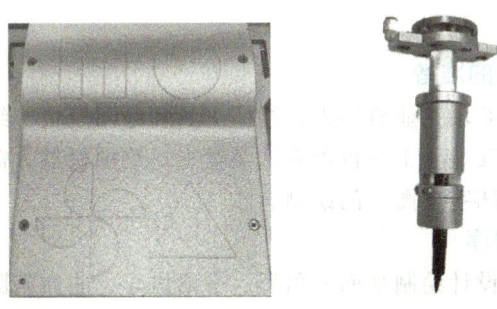

图 1-28 绘图模块和绘图工具

— 21 —

引导问题2：如图1-29所示，简述工业机器人示教器的示教编程原理与操作步骤。

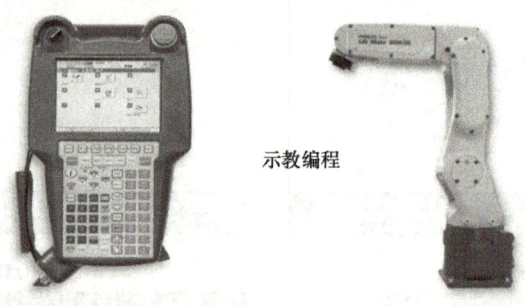
示教编程

图1-29 工业机器人与示教器

2. 进行决策

引导问题1：分组讨论该工业机器人的示教过程，记录示教指令和步骤。

引导问题2：师生讨论并确定工业机器人示教轨迹、示教思路和编辑方法。

工业机器人示教程序为：

任务实施

1. 绘图机器人工作站的准备

绘图机器人工作站由6轴工业机器人、绘图工具和绘图模块等组成。绘图模块安装于设备的合适位置，绘图工具安装于工业机器人法兰盘上。绘图机器人需要完成平面三角形、平面风车、曲面整圆、曲面凹字形图案的绘制。

2. 编写绘图机器人程序

根据工作任务要求，设计绘制平面三角形、平面风车、曲面整圆、曲面凹字形图案的程序，程序见表1-12~表1-15。

表 1-12　平面三角形图案的绘制程序

程序行	指令	注释
1	J PR[1] 100% FINE	PR[1]为HOME点位置寄存器,程序开头先回HOME点
2	J P[1] 100% FINE	从HOME点以100%速度,关节运动到P1点,即安全点
3	L P[2] 100mm/sec FINE	从P1点以100mm/s速度,线性运动到P2点,即三角形图案的绘制起始点
4	L P[3] 100mm/sec FINE	线性运动,完成第一条边的绘制
5	L P[4] 100mm/sec FINE	线性运动,完成第二条边的绘制
6	L P[2] 100mm/sec FINE	线性运动,完成第三条边的绘制
7	J P[1] 100mm/sec FINE	回到安全点
8	J PR[1] 100% FINE	程序结束后回到HOME点

表 1-13　平面风车图案的绘制程序

程序行	指令	注释
1	J PR[1] 100% FINE	PR[1]为HOME点位置寄存器,程序开头先回HOME点
2	J P[1] 100% FINE	从HOME点以100%速度,关节运动到P1点,即安全点
3	L P[2] 100mm/sec FINE	从P1点以100mm/s速度,线性运动到P2点,即风车图案的绘制起始点,在中心点
4	L P[3] 100mm/sec FINE	走直线
5	C P[4] 　 P[5] 100mm/sec FINE	走半圆
6	L P[6] 100mm/sec FINE	走直线
7	C P[7] 　 P[8] 100mm/sec FINE	走半圆
8	L P[9] 100mm/sec FINE	走直线
9	C P[10] 　 P[11] 100mm/sec FINE	走半圆
10	L P[12] 100mm/sec FINE	走直线
11	C P[13] 　 P[14] 100mm/sec FINE	走半圆,回到中心点
12	J P[1] 100% FINE	以100%速度,关节运动到P1点,即安全点
13	J PR[1] 100% FINE	程序结束后回到HOME点

表 1-14　曲面整圆图案的绘制程序

程序行	指令	注释
1	J PR[1] 100% FINE	PR[1]为HOME点位置寄存器,程序开头先回HOME点
2	J P[1] 100% FINE	从HOME点以100%速度,关节运动到P1点,即安全点
3	L P[2] 100mm/sec FINE	从P1点以100mm/s速度,线性运动到P2点,即圆形图案的绘制起始点,在中心点

（续）

程序行	指令	注释
4	C P[3] 　 P[4]　100mm/sec　FINE	绘制四分之一圆
5	C P[5] 　 P[6]　100mm/sec　FINE	绘制四分之一圆
6	C P[7] 　 P[8]　100mm/sec　FINE	绘制四分之一圆
7	C P[9] 　 P[2]　100mm/sec　FINE	绘制四分之一圆,然后回到起始点
8	J P[1]　100%　FINE	以100%速度,关节运动到P1点,即安全点
9	J PR[1]　100%　FINE	程序结束后回到HOME点

表1-15　曲面凹字形图案的绘制程序

程序行	指令	注释
1	J PR[1]　100%　FINE	PR[1]为HOME点位置寄存器,程序开头先回HOME点
2	J P[1]　100%　FINE	从HOME点以100%速度,关节运动到P1点,即安全点
3	L P[2]　100mm/sec　FINE	从P1点以100mm/s速度,线性运动到P2点,即图形的绘制起始点,在中心点
4	C P[3] 　 P[4]　100mm/sec　FINE	绘制圆弧
5	L P[4]　100mm/sec　FINE	绘制直线
6	C P[5] 　 P[6]　100mm/sec　FINE	绘制圆弧
7	L P[7]　100mm/sec　FINE	绘制直线
8	C P[8] 　 P[9]　100mm/sec　FINE	绘制圆弧
9	L P[10]　100mm/sec　FINE	绘制直线
10	C P[11] 　 P[12]　100mm/sec　FINE	绘制圆弧
11	L P[2]　100mm/sec　FINE	绘制直线,回到起始点
12	J P[1]　100%　FINE	以100%速度,关节运动到P1点,即安全点
13	J PR[1]　100%　FINE	程序结束后回到HOME点

3. 绘图机器人程序的创建及示教过程

使用FANUC工业机器人示教器创建及示教绘图机器人程序的步骤如下：

1）按[SELECT]键进入程序目录界面。

2）按[F2]（创建）功能键，进入程序创建命名界面，完成程序命名。

3）按[EDIT]键进入程序编辑界面。

4）按［F1］功能键，选择所需运动指令，按［ENTER］键确认。

5）移动工业机器人到所需位置，重复步骤4），进行后续点的示教。

6）按住［SHIFT］键+［F5］（示教）功能键，可以修改示教工业机器人目标点位置，并进行记录。

任务评价

1. 自我检查与评价

学生根据工作任务完成情况进行自我检查与评价，并将评分值记录于表1-16中。

表1-16 学生评价表

工作任务	考核内容	配分	评分标准	得分	备注
绘图机器人示教编程	1. 安全意识与规范操作	10分	1）遵守实训室相关安全操作规范，5分 2）具备安全用电、规范操作的意识，5分		
	2. 绘制绘图模块图案的程序设计	30分	1）完成绘制平面三角形图案的程序设计，5分 2）完成绘制平面风车图案的程序设计，10分 3）完成绘制曲面整圆图案的程序设计，5分 4）完成绘制曲面凹字形图案的程序设计，10分		
	3. 绘制绘图模块图案的程序示教	45分	1）完成绘制平面三角形图案的示教调试，10分 2）完成绘制平面风车图案的示教调试，15分 3）完成绘制曲面整圆图案的示教调试，10分 4）完成绘制曲面凹字形图案的示教调试，10分		
	4. 职业规范与实训平台"6S"管理	15分	1）电工工具、扳手和器材摆放整齐，5分 2）做好气动设备及气动元器件维护，5分 3）实训平台"6S"管理，场地清理及打扫，5分		
			自我评分=（1~4项总分）×40%		

2. 小组检查与评价

同小组学生在自评基础上相互检查与评价，并将评分值记录于表1-17中。

表1-17 小组评价表

评价内容	配分	评分
1. 项目实施记录与客观自我评价	20分	
2. 绘图机器人的程序设计与示教	40分	
3. 团队协作、实践能力	20分	
4. 安全意识、态度认真、"6S"管理	20分	
小组评分=（1~4项总分）×30%		

3. 教师检查与评价

指导教师在学生自评与互评结果的基础上对其进行检查与综合评价，并将意见与评分值记录于表 1-18 中。

表 1-18　教师评价表

教师总体评价		教师评价（30 分）五级制：优秀（30~27）、良好（26~24）、中等（23~21）、及格（20~18）、不及格（18 以下）	
		评价等级及分值	
总评分＝自我评分＋小组评分＋教师评分			

任务反馈

项目学习情况	
心得与反思	

拓展训练

1. FANUC 工业机器人的运动可以分为哪几类？分别写出运动指令范例。
2. 工业机器人圆弧指令需要示教几个点？
3. 运动指令中 CNTK 的意义是什么？CNTK 和 FINE 的区别是什么？
4. 简述绘图机器人示教程序的步骤。
5. 简述线性指令和关节指令应用的区别。
6. 查阅 FANUC 工业机器人手册，简述工业机器人其他的指令类型。

任务四　绘图机器人程序运行与调试

任务目标

1）了解工业机器人单步、连续运行的步骤和方法。
2）掌握工业机器人主程序创建、子程序调用和程序调试方法。
3）能够根据工作任务要求，编写绘图机器人程序，并进行运行和调试。

任务准备

一、手动运行工业机器人

工业机器人手动运行有顺序单步、逆序单步、顺序连续运行。执行程序时，可以从第一行开始，也可以从光标定位的程序行开始，但必须保证工业机器人从当前姿态运行到光标定位的程序行的姿态的动作变化幅度不至于太大，否则工业机器人会出现"不能到达"报警。在 T1/T2 模式下，同时按住［SHIFT］+［FWD/BWD］键开始执行。

按单步键［STEP］，状态栏的"单步"功能会在有效和无效之间切换，就可以实现单步运行与连续运行的切换。

1. 顺序单步运行

工业机器人控制柜模式开关为 T1/T2，顺序单步运行的具体步骤如下：

1）将示教器 TP 开关调到 ON 状态。
2）按住示教器使能键。
3）移动光标到将要执行的程序指令处。
4）按示教器面板上的［STEP］键，将工业机器人运行切换到单步状态，此时［STEP］单步指示显示。
5）按住［SHIFT］键，每按一下程序运行键［FWD］，工业机器人就执行一条指令，直至程序执行完毕，工业机器人停止运动。

注意：程序执行过程中要保证［SHIFT］键及使能键不能松开。

2. 顺序连续运行

工业机器人控制柜模式开关为 T1/T2，顺序连续运行的具体步骤如下：

1）将示教器 TP 开关调到 ON 状态。
2）按住示教器使能键。
3）移动光标到将要执行的程序指令处。
4）按示教器面板上的［STEP］键，将工业机器人运行切换到连续状态，此时［STEP］单步指示不显示。
5）按住［SHIFT］键，按程序运行键［FWD］，工业机器人按顺序执行指令，直至程序执行完毕，工业机器人停止运动。

二、工业机器人子程序的调用

在创建工业机器人程序时，可以创建主程序和子程序。工业机器人在执行完一个子程序后，返回到主程序继续执行其他子程序，直到执行完所有子程序。子程序的调用有助于简化主程序，优化编程思路，其主要调用步骤如下：

1）视图切换，按［指令］按钮。
2）选用调用 CALL 指令。
3）选择调用子程序，单击"确定"按钮，完成子程序的导入。

任务分析

1. 工作计划

引导问题1：简述单步、连续运行绘图机器人程序的步骤。
_____
_____
_____

引导问题2：连续运行绘图机器人操作中，如何创建主程序和子程序，并调用子程序？
_____
_____
_____

2. 进行决策

引导问题1：基于绘图机器人程序，分组讨论单步、连续运行的区别，调试效果是否相同？
_____
_____
_____

引导问题2：师生讨论并确定绘图机器人主程序创建和子程序调用的方案，并确定调试步骤。
_____
_____
_____

任务实施

1. 绘图机器人主程序创建和子程序调用

首先创建绘图机器人的主程序 RSR0101，依次创建和示教 HOME 点、接近点、离开点；然后在接近点后依次调用绘制平面三角形、平面风车、曲面整圆、曲面凹字形图案的子程序。调用子程序的界面如图 1-30 所示。

2. 手动运行绘图机器人程序

下面以绘图机器人程序为例，介绍如何连续、单步运行工业机器人。

1）按示教器上［STEP］键，将设置里面的单步模式改为连续模式，左上角"单步"标志由黄色变为灰色，如图 1-31 所示。

2）模式选择完成后，光标对准程序始点，按程序运行键［FWD］，工业机器人向前连续运行，通过调节［+%］、［-%］键可以实现工业机器人的速度调试。

3）按［STEP］键可以将工业机器人切换到单步运行模式，工业机器人按照一个程序段、一个程序段运行，实现单步调试。

4）操作：首先单步运行主程序，观察工业机器人的调试路径；然后选择连续运行模式，调整速度，进行工业机器人整机的调试。

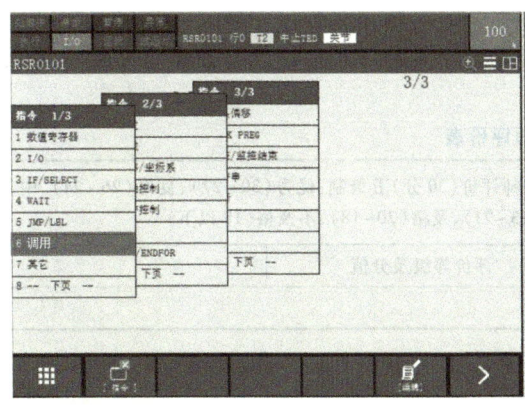
图1-30 调用子程序的界面

图1-31 绘图机器人连续运行模式

任务评价

1. 自我检查与评价

学生根据工作任务完成情况进行自我检查与评价,并将评分值记录于表1-19中。

表1-19 学生评价表

工作任务	考核内容	配分	评分标准	得分	备注
绘图机器人程序运行与调试	1. 安全意识与规范操作	10分	1)遵守实训室相关安全操作规范,5分 2)具备安全用电、规范操作的意识,5分		
	2. 根据工作任务要求,完成绘图机器人主程序创建和子程序调用	30分	1)完成绘图机器人主程序创建15分 2)完成绘图机器人子程序调用15分		
	3. 绘图机器人的单步与连续运行	45分	1)完成绘图机器人的单步运行调试,20分 2)完成绘图机器人的连续运行调试,25分		
	4. 职业规范与实训平台"6S"管理	15分	1)电工工具、扳手和器材摆放整齐,5分 2)做好气动设备及气动元器件维护,5分 3)实训平台"6S"管理,场地清理及打扫,5分		
		自我评分=(1~4项总分)×40%			

2. 小组检查与评价

同小组学生在自评基础上相互检查与评价,并将评分值记录于表1-20中。

表1-20 小组评价表

评价内容	配分	评分
1. 项目实施记录与客观自我评价	20分	
2. 绘图机器人的手动和连续运行	40分	
3. 团队协作、实践能力	20分	
4. 安全意识、态度认真、"6S"管理	20分	
小组评分=(1~4项总分)×30%		

3. 教师检查与评价

指导教师在学生自评与互评结果的基础上对其进行检查与综合评价，并将意见与评分值记录于表 1-21 中。

表 1-21　教师评价表

教师总体评价		教师评价(30 分)五级制：优秀(30~27)、良好(26~24)、中等(23~21)、及格(20~18)、不及格(18 以下)	
		评价等级及分值	
总评分 = 自我评分+小组评分+教师评分			

任务反馈

项目学习情况	
心得与反思	

拓展训练

1. 在工业机器人程序创建中，如何定义主程序和子程序？
2. 绘图机器人手动、连续运行调试如何进行切换？
3. 绘图机器人工作站中，需要创建几个子程序，如何进行调用？
4. 简述绘图机器人整个程序运行过程速度的设置和调整方法。
5. 创建并调用子程序具有什么优势？

项目二 工业机器人切割编程与操作
PROJECT 2

知识目标

1) 认识切割机器人工作站。
2) 认识工业机器人工具快换装置。
3) 掌握工业机器人运动指令和参数。
4) 掌握工业机器人工具坐标系和工件坐标系的创建方法。
5) 掌握工业机器人程序、配置文件等的导入、导出方法。
6) 掌握直线、圆弧、关节等运动指令,并能够进行示教编程。

技能目标

1) 能够根据工作任务和布局图要求,安装切割机器人工作站。
2) 能够根据工作任务要求,标定切割机器人工具坐标系和工件坐标系。
3) 能够根据工作任务要求,选择和加载切割机器人程序。
4) 能够根据工作任务要求,进行切割机器人程序、配置文件的导入与导出。
5) 能够根据工作任务要求,编写切割机器人程序,并进行运行与调试。

素养目标

1) 自觉履行职业道德准则和行为规范。
2) 倡导尊崇劳模精神的社会风尚,为弘扬劳动精神、劳模精神营造良好氛围。
3) 培养协同合作能力,多参与实训室清洁、维护保养活动,熟悉"6S"管理制度。

职业技能等级要求

工业机器人应用编程证书技能要求(初级)	
1.2.1	能够根据工作任务要求选择和调用世界坐标系、基坐标系、用户(工件)坐标系、工具坐标系等
1.2.2	能够根据操作手册,创建工具坐标系,并使用四点法、六点法等方法进行工具坐标系标定
1.2.3	能够根据工作任务要求,创建用户(工件)坐标系,并使用三点法等方法进行用户(工件)坐标系标定
2.1.3	能够根据工作任务要求,选择和使用手爪、吸盘、焊枪等末端操作器
2.1.4	能够根据工作任务要求使用示教器,对工业机器人进行单轴、线性、重定位等操作

（续）

工业机器人应用编程证书技能要求（初级）	
2.2.1	能够根据工作任务要求，选择和加载工业机器人程序
2.2.3	能够使用单步、连续等方式，运行工业机器人程序
2.3.3	能够进行工业机器人程序、配置文件等的导入与导出
3.1.2	能够根据工作任务要求，使用直线、圆弧、关节等运动指令进行示教编程

项目描述

随着汽车、3C 电子及钣金等行业的飞速发展，零部件和特殊型材的切割加工呈现批量化、多样化、高精度化的趋势。工业机器人和光纤激光所组成的机器人激光切割系统具有工业机器人的特点，能够自由、灵活地实现各种复杂三维曲线加工轨迹，相对于传统的加工方法，机器人激光切割系统在满足精确性要求的同时，能很好地提高整个激光切割系统的柔性，占用更少的空间，具有更高的经济性和竞争力。

本项目主要以切割机器人工作站为例，利用工业机器人搭载切割工具和切割示教板等实训套件，通过安装切割机器人工作站，标定工具坐标系和工件坐标系，导入、导出切割机人程序，编写和调试程序等任务，使切割工具在切割示教板上进行文字切割，并通过单步、连续和自动运行的步骤，执行切割机器人单步、连续、自动运行和调试。

平台准备

本项目所用平台包括表 2-1 中各部分。

表 2-1 平台各部分的名称及外形图

名称	YL-18 机器人工作台	FANUC 工业机器人	快换装置模块
外形图			
名称	切割示教板	切割工具	快换装置
外形图			

(续)

名称	气泵		
外形图			

任务一　切割机器人工作站的安装与准备

任务目标

1）认识切割机器人工作站。
2）认识工业机器人工具快换装置。
3）能够根据工作任务和布局图要求，安装切割机器人工作站。

任务准备

一、切割机器人工作站的组成及功能

切割机器人工作站包含工业机器人、切割示教板和切割工具等模块，切割示教板和切割工具如图 2-1 所示。切割机器人工作站的主要功能是：首先切割工具通过快换装置安装到工业机器人法兰盘上；然后切割示教板吸附一张附有图案的 A4 纸，A4 纸上的图案可自行设置，以作为切割的对象；最后将该模块安装在桌面的合适位置，推起面板选择一个合适的倾斜度进行切割机器人的编程。

图 2-1　切割示教板和切割工具

二、工业机器人的快换装置

工业机器人是目前应用广泛的设备，不同的末端执行器增加了工业机器人的工作柔性。

快换装置可快速更换不同的末端执行器，以完成不同的作业任务。快换装置能够提高工程师对工业机器人的集成化设计，扩展工业机器人的应用范围。

根据工业机器人常见作业分析，目前工业机器人的末端执行器能进行的操作有切割、抓取、焊接、打磨等。而此类末端执行器所需的位姿可以由工业机器人完成，剩余动作可由工业机器人提供触发的信号。在快换装置上提供必要的气路和电路，以满足不同末端执行器的

使用。几种不同的末端执行器如图 2-2 所示。

工业机器人的快换装置由主盘和工具盘组成，如图 2-3 所示，主盘安装在工业机器人手腕上，工具盘与末端执行器连接。二者通过气动形式连接，内部结构较为复杂，有弹簧钢球来保证连接精度以及密封性。主盘上有不同的气口，分别为释放口、夹紧口、排气口和检测口，给不同气口通气，可执行相应的动作。主盘和工具盘上还有为末端执行器提供气压的气路口以及电路连接的端口。

图 2-2　几种不同的末端执行器　　　　　图 2-3　快换装置

本项目采用的切割夹具，通过快换装置与工业机器人法兰盘连接。快换装置模块动作 I/O 信号见表 2-2，当 RO［1］端口为 ON 时装上工具，为 OFF 时卸掉工具；当 RO［3］端口为 ON 时手爪夹紧，为 OFF 时手爪松开。

表 2-2　快换装置模块动作 I/O 信号

端口	ON 时动作功能	OFF 时动作功能
RO[1]端口	装上工具	卸掉工具
RO[3]端口	手爪夹紧	手爪松开

三、切割示教板的安装布局

现有一台切割机器人工作站，工作站由 FANUC 工业机器人、切割示教板等组成，工业机器人布局图与切割示教板模块如图 2-4 所示。关节坐标系下工业机器人的工作原点位置为 [0°, 0°, 0°, 0°, -90°, 0°]。

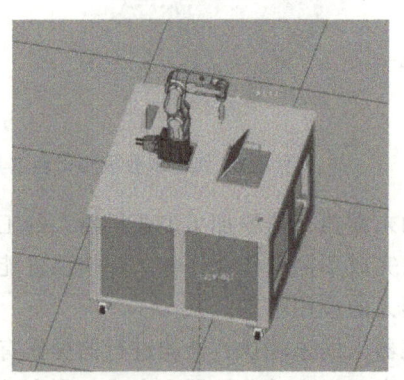

图 2-4　工业机器人布局图和切割示教板模块

任务分析

在了解切割机器人工作站组成及功能的基础上，进行实物观察、记录。根据工业机器人的工艺及布局要求，进行切割机器人工作站的安装与准备；同时使用示教器进行切割机器人 HOME 点的示教。

1. 工作计划

引导问题1：了解切割机器人工作站的组成及功能，思考如何安装工业机器人的切割工具，如图 2-5 所示。

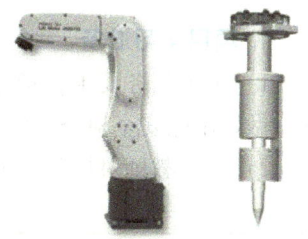

图 2-5　工业机器人和切割工具

引导问题2：工业机器人的 I/O 界面如图 2-6 所示，如何进行 RO［1］端口的设置？

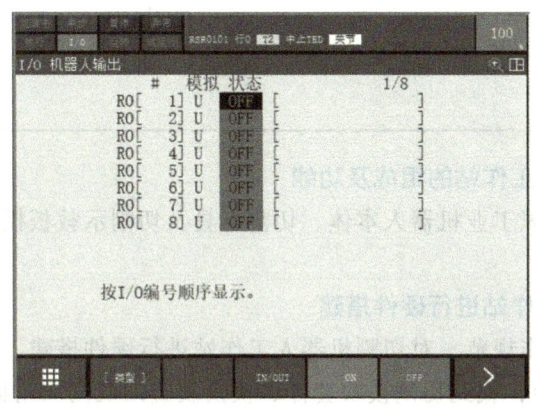

图 2-6　工业机器人的 I/O 界面

2. 进行决策

引导问题1：分组讨论该切割机器人工作站的安装步骤，合理分析工业机器人的工作空间。

引导问题2：师生讨论并确定切割模块的安装和控制方式，并设置 HOME 点。

任务实施

1. 项目学习准备

1）根据任务要求,指导教师事先了解教学切割机器人工作站,清点设备所需的功能模块,做好用电安全检查和测试,做好预案(观察路线、学生分组等)。

2)指导教师对操作的安全规范做出要求,并为学生任务分配,分配表见表 2-3。

表 2-3 学生任务分配表

班级		组号				指导教师	
组长		学号					
组员	姓名	学号	姓名	学号	姓名	学号
任务分工							

2. 认识切割机器人工作站的组成及功能

通过课堂学习,认识工业机器人本体、切割工具及切割示教板模块,观察并记录各部分的安装及布局位置。

3. 对切割机器人工作站进行硬件搭建

根据实训室安全操作规范,对切割机器人工作站进行硬件搭建,其步骤如下:

1)打开模块存放柜,找到切割模块套件、快换装置以及内六角扳手。

2)选择合适的螺钉,把切割模块套件安装至切割机器人操作空间的合理位置。

3)安装切割工具:首先把切割工具与切割机器人的快换装置安装至切割机器人六轴法兰盘上,然后把切割工具安装至另一个快换装置上,连接气路。

4)将切割工具放置于夹具架上,完成硬件布局。

4. 对切割机器人进行示教和 I/O 测试

将对切割机器人进行示教和 I/O 测试的步骤填在表 2-4 中。

表 2-4 切割机器人 HOME 点示教和 I/O 测试

序号	HOME 点示教步骤	I/O 测试步骤
1		
2		
3		
4		
5		

5. 实训总结

学生分组,每个人讲述切割机器人工作站的安装、机器人 HOME 点示教、快换装置安装和 I/O 电气控制的步骤。要求做到能讲出主要工作过程、遇到的问题以及解决方法，再交换角色，重复进行。

任务评价

1. 自我检查与评价

学生根据工作任务完成情况进行自我检查与评价，并将评分值记录于表 2-5 中。

表 2-5　学生评价表

工作任务	考核内容	配分	评分标准	得分	备注
切割机器人工作站的安装与准备	1. 安全意识与规范操作	10 分	1) 遵守实训室相关安全操作规范，5 分 2) 具备安全用电、规范操作的意识，5 分		
	2. 切割机器人工作站的安装与准备	40 分	1) 正确认识切割机器人工作站，并完成安装，20 分 2) 完成切割机器人快换装置的安装，20 分		
	3. 工业机器人切割工具的安装与测试	40 分	1) 完成切割机器人 HOME 点示教，20 分 2) 完成切割机器人 I/O 的测试，20 分		
	4. 职业规范与实训平台 "6S" 管理	10 分	1) 电工工具、扳手和器材摆放整齐，3 分 2) 做好气动设备及气动元器件维护，3 分 3) 实训平台 "6S" 管理，场地清理及打扫，4 分		
			自我评分 =（1~4 项总分）×40%		

2. 小组检查与评价

同小组学生在自评基础上相互检查与评价，并将评分值记录于表 2-6 中。

表 2-6　小组评价表

评价内容	配分	评分
1. 项目实施记录与客观自我评价	20 分	
2. 切割机器人工作站准备和安装	40 分	
3. 团队协作、实践能力	20 分	
4. 安全意识、态度认真、"6S" 管理	20 分	
小组评分 =（1~4 项总分）×30%		

3. 教师检查与评价

指导教师在学生自评与互评结果的基础上对其进行检查与综合评价，并将意见与评分值记录于表 2-7 中。

表 2-7　教师评价表

教师总体评价		教师评价（30 分）五级制：优秀（30~27）、良好（26~24）、中等（23~21）、及格（20~17）、不及格（18 以下）
		评价等级及分值
总评分 = 自我评分 + 小组评分 + 教师评分		

任务反馈

项目学习情况	
心得与反思	

拓展训练

1. 切割机器人主要应用在哪些行业及领域？具有什么特点？
2. 切割机器人工作站的组成及功能是什么？
3. 工业机器人的快换装置具有什么优势？如何进行安装？
4. 如何进行工业机器人 I/O 设置，本任务主要用到的 I/O 类型是什么？
5. 简述切割机器人工作站安装的过程。

任务二　切割工具坐标系的标定与验证

任务目标

1）认识工业机器人工具坐标系。
2）掌握工业机器人工具坐标系的标定方法。
3）能够根据工作任务要求，利用示教器进行工业机器人工具坐标系的创建及验证。

任务准备

一、认识工业机器人工具坐标系

工具坐标系是用来定义 TCP 的位置和工具姿态的坐标系，如图 2-7 所示。工具坐标系将 TCP 设为原点，由此定义工具的位置和方向。工具坐标系必须事先进行标定。未标定时，将由工业机器人法兰盘末端中心的坐标系代替工具坐标系。

工具坐标系由 TCP 的位置（X、Y、Z）和工具的姿态（W、P、R）构成。TCP 的位置是通过相对法兰接口坐标系的 TCP 坐标值 X、Y、

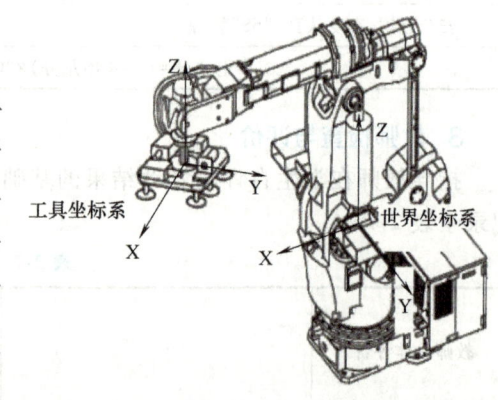

图 2-7　工业机器人的工具坐标系

Z 来定义的。工具姿态是通过法兰接口坐标系的 X 轴、Y 轴、Z 轴周围的旋转角 W、P、R 来定义的。当法兰盘上安装工具后,工具坐标系需要通过示教变换到新的工具末端处。

二、工业机器人工具坐标系的标定方法

工具坐标系的标定方法有很多,如三点法、四点法、六点法以及直接输入法。下面以三点法、六点法和直接输入法为例进行工具坐标的标定。

(1) 三点法(TCP 自动设定) 设定工具坐标系原点(刀具坐标系的 X、Y、Z)进行示教,使参考点 1、2、3 以不同的姿势指向一点。由此自动计算 TCP 的位置,要进行正确设定,尽量使三个参考点的状态方向各不相同。

三点示教法创建工具坐标

(2) 六点法 首先像三点示教法一样设定工具坐标系原点,然后调整工具姿势进行示教,使参考点 1、2、3 以不同的姿势指向原点并进行记录,最后记录沿平行于工具坐标系 X 轴方向的一点、XZ 平面上的一点,通过六点示教自动设定 TCP。

(3) 直接输入法 不同于三点法和六点法,直接输入法不需要进行示教,该方法是在已经得到需求的工具数据的情况下,将得到的数据直接输入相应的工具坐标系中,即可计算出 TCP 的位置。

六点示教法创建工具坐标

三、工业机器人工具坐标系的标定过程

1. 以六点法为例标定工具坐标系

1)依次按键操作:按[MENU](菜单)键,然后选择"6 设置"→"4 坐标系"进入坐标系设置界面,如图 2-8 所示。

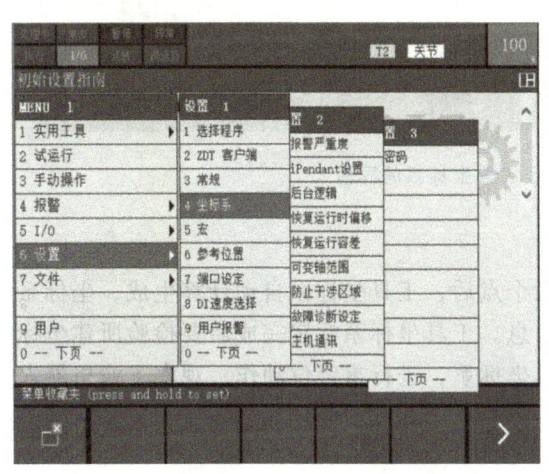
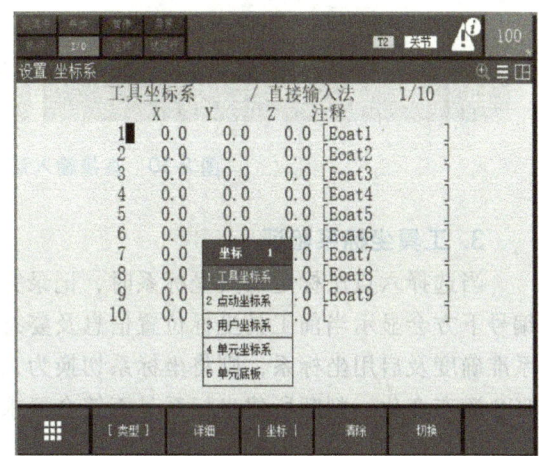

图 2-8 坐标系设置界面

2)按[F3](坐标)键,选择"1 工具坐标系"进入工具坐标系的设置界面。

3)选择一个坐标系号(1~10),按[F2](详细)键,进入对应坐标系号的位置信息界面。

4)按[F2](方法)键,选择所用的方法"2 六点法(XZ)",进入六点法创建坐标系的界面,如图 2-9 所示。

5）记录接近点1、接近点2、接近点3、坐标原点，定义X方向点和Z方向点。

完成六点法创建工具坐标系。

2. 以直接输入法为例标定工具坐标系

在六点法1）~3）步骤的基础上，按［F2］（方法）键，选择直接输入法，弹出利用直接输入法设定工具坐标系的界面，如图2-10所示，可以直接输入相应的坐标参数，确定工具坐标系。

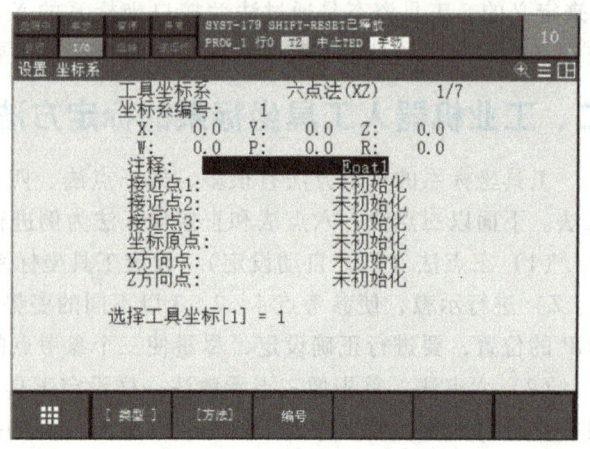

图2-9 工具坐标系六点法设置界面

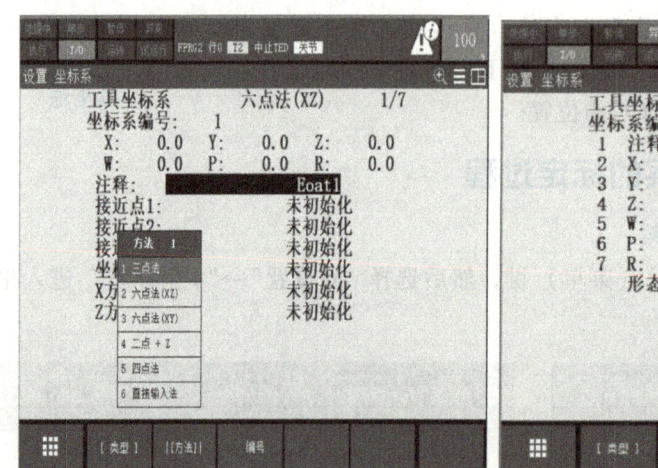 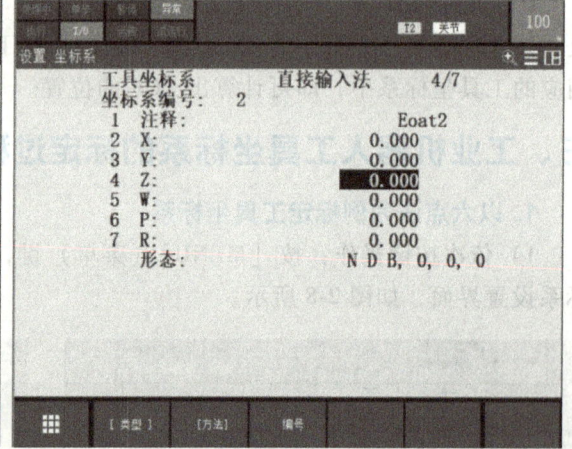

图2-10 直接输入法设定工具坐标系的界面

3. 工具坐标系验证

当选择六点法标定工具坐标系时，记录完六个点后，工具坐标系自动计算生成，坐标系编号下方会显示当前工具坐标位置信息及姿态信息。工具坐标系标定完成后要检验所建坐标系准确度及启用坐标系，则将坐标系切换为工具坐标系，进行重定位动作，观察工业机器人TCP姿态变化，判断所建坐标系是否符合要求。

任务分析

在了解工业机器人工具坐标系的定义、标定方法的基础上，进行切割机器人切割工具坐标系的标定，并根据工作任务要求，完成切割工具坐标系的验证。

1. 工作计划

引导问题1：手动操作切割机器人时，为什么要标定切割工具坐标系？工业机器人示教器和切割工具如图2-11所示。

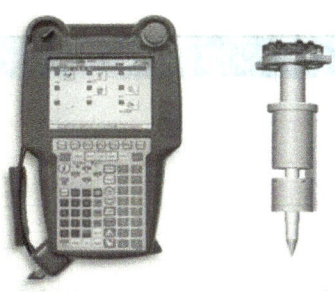

图 2-11　工业机器人示教器和切割工具

引导问题 2：手动操作切割机器人时，如何利用示教器来验证切割工具坐标系？

2. 进行决策

引导问题 1：分组讨论该机器人切割工具坐标系的标定方法和步骤。

引导问题 2：师生讨论并确定切割工具坐标系切换方法以及手动线性调试、验证方法。

任务实施

根据六点法和直接输入法，进行切割机器人切割工具坐标系的标定训练，同时探索三点法和四点法的标定方法，并验证。

1. 标定工业机器人切割工具坐标系

将使用不同方法来标定切割工具坐标系的具体步骤记录在表 2-8 中。

表 2-8　切割机器人切割工具坐标系的标定步骤

标定步骤	六点法	直接输入法	三点法	四点法
1				
2				
3				
4				
5				

(续)

标定步骤	六点法	直接输入法	三点法	四点法
6				
7				
8				
9				
10				

2. 验证切割工具坐标系

1）在工具坐标系界面中按示教器［F5］（切换）键，输入需要验证的工具坐标系，然后按示教器上［ENTER］（确定）键。

2）将切割机器人的坐标系选定为工具坐标系，按示教器上的［SHIFT］+［COORD］键，然后按［F4］（工具）键。

3）操纵切割机器人的TCP尽可能地靠近固定点，然后按下使能键和［SHIFT］+［J4］、［J5］、［J6］键绕X、Y、Z轴旋转，检验切割机器人的TCP是否准确。如果TCP设定精确，可以看到工具参考点与固定点始终保持接触，而切割机器人只会改变姿态。

任务评价

1. 自我检查与评价

学生根据工作任务完成情况进行自我检查与评价，并将评分值记录于表2-9中。

表2-9 学生评价表

工作任务	考核内容	配分	评分标准	得分	备注
切割工具坐标系的标定与验证	1. 安全意识与规范操作	10分	1）遵守实训室相关安全操作规范,5分 2）具备安全用电、规范操作的意识,5分		
	2. 切割工具坐标系的标定	35分	1）完成工具坐标系的三点法标定操作,15分 2）完成工具坐标系的六点法标定操作,20分		
	3. 切割工具坐标系的验证	40分	1）完成三点法工具坐标系的验证调试,20分 2）完成六点法工具坐标系的验证调试,20分		
	4. 职业规范与实训平台"6S"管理	15分	1）电工工具、扳手和器材摆放整齐,5分 2）做好气动设备及气动元器件维护,5分 3）实训平台"6S"管理,场地清理及打扫,5分		
自我评分=（1～4项总分）×40%					

2. 小组检查与评价

同小组学生在自评基础上相互检查与评价，并将评分值记录于表2-10中。

表2-10 小组评价表

评价内容	配分	评分
1. 项目实施记录与客观自我评价	20分	
2. 工具坐标系的标定及验证操作情况	40分	
3. 团队协作、实践能力	20分	
4. 安全意识、态度认真"6S"管理	20分	
小组评分=(1~4项总分)×30%		

3. 教师检查与评价

指导教师在学生自评与互评结果的基础上对其进行检查与综合评价,并将意见与评分值记录于表2-11中。

表2-11 教师评价表

教师总体评价	教师评价(30分)五级制:优秀(30~27)、良好(26~24)、中等(23~21)、及格(20~18)、不及格(18以下)	
	评价等级及分值	
总评分=自我评分+小组评分+教师评分		

任务反馈

项目学习情况	
心得与反思	

拓展训练

1. 工业机器人工具坐标系的定义是什么?为什么要对其进行标定?
2. 工具坐标系的标定方法有哪些?
3. 工具坐标系标定后的验证方法是什么?
4. 工业机器人如何进行工具坐标系标定?简述具体操作步骤。
5. 简述工业机器人在哪些应用场合需要标定工具坐标系,并举例说明。

任务三 切割机器人示教编程

任务目标

1) 认识工业机器人工件坐标系。

2）掌握工业机器人工件坐标系的标定方法。

3）掌握工业机器人程序、配置文件等的导入、导出方法，完成切割机器人程序的创建与编辑。

4）掌握直线、圆弧、关节等运动指令进行示教编程。

任务准备

一、认识工业机器人工件坐标系

工件坐标系又称用户坐标系，它是用户对每个作业空间进行定义的笛卡儿坐标系。它用于位置寄存器的示教和执行、位置补偿指令的执行等。未标定工件坐标系时，它将由世界坐标系替代。

工件坐标系主要用于简化编程，新的工件坐标系都是基于默认的工件坐标系变化得到的。如图 2-12 所示，工业机器人可以有多个工件坐标系，

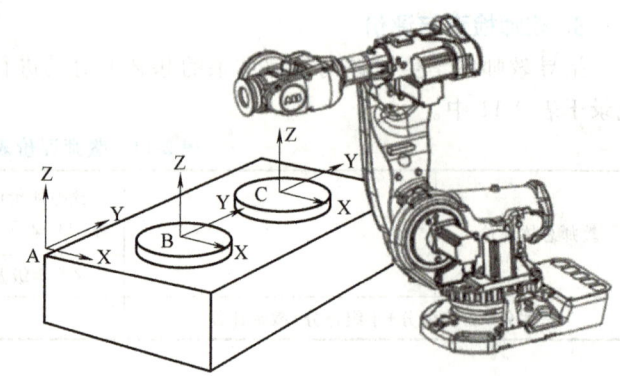

图 2-12　工业机器人工件坐标系

来表示不同的工件，或表示同一工件在不同位置的若干副本。

二、工业机器人工件坐标系的标定方法

工件坐标系标定方法有三点法、四点法、直接输入法三种。新的工件坐标系是根据默认的工件坐标系变化得到的，新的工件坐标系的位置和姿态相对空间是不变的。工件坐标系指定工业机器人在工作平台上的工作方向及线性运动方向。建立工件坐标系可确定参考坐标系，可以确定工作台上的运动方向，方便调试工业机器人。

三点示教法创建用户坐标

以三点法标定工件坐标系为例，其具体步骤如下：

1）依次按键操作：按［MENU］（菜单）键，选择"6 设置"→"4 坐标系"进入坐标系设置界面。

2）按［F3］（坐标）键进入坐标系选择界面，选择"3 用户坐标系"，进入工件坐标系设置界面。

3）移动光标到所需设置的坐标系号，按［F2］（详细）键，进入设置界面。

4）移动光标，选择坐标标定方法"1 三点法"，按［ENTER］（确定）键，进入最终设置界面。

5）记录坐标原点，将工业机器人示教坐标系切换成世界坐标系，分别沿 X 方向和 Y 方向移动，同时记录 X 方向点、Y 方向点，确定完成标定。

注意：坐标系中 X、Y、Z 数据表示当前设置的工件坐标系原点相对于世界坐标系原点的偏移量；W、P、R 数据表示当前设置的工件坐标系相对于世界坐标系的旋转量。

三、工业机器人程序的导入与导出

工业机器人程序导入与导出，可以利用 FANUC 工业机器人离线编程软件 ROBOGUIDE 来完成。对于一些复杂的曲线轨迹，可以将程序在计算机中自动生成后，再将其导入工业机器人控制系统中，从而使切割路径更加精准。

ROBOGUIDE 软件中的 TP 程序与现场工业机器人的 TP 程序可以相互导入和导出，所以可以用 ROBOGUIDE 软件做离线编程，然后将程序导入到工业机器人控制器；另外，也可以将现场的程序上传到 ROBOGUIDE 软件中。

如图 2-13 所示，单击"示教"，在下拉菜单中选择"保存所有的 TP 程序"→"二进制"，可以直接将 TP 程序保存到某个文件夹，也可将 TP 程序保存为 txt 格式，在计算机中查看。若要导入程序，则选择"读入 TP 程序"。

工业机器人程序的导入与导出有多种方式，其中主要的方式是利用 U 盘和以太网进行操作。

（1）将导出的程序复制到 U 盘，再导入到实体工业机器人中

1）插入移动介质：将 U 盘插入 Mate 控制柜 USB 接口后，TP 示教器显示"FILE-066UD1 插入 General UDisk"表示识别出该 U 盘。

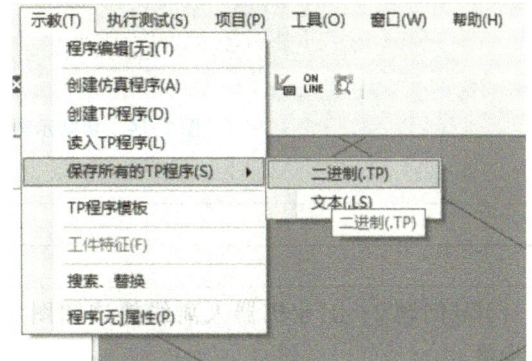

图 2-13　程序的保存方式

2）切换设备：按下示教器上的［MENU］（菜单）键，在显示的菜单界面中依次选择"7 文件"→"1 文件"，按［F5］（工具）键，选择"1 切换设备"→"6USB 盘（UD1:）"，切换至 U 盘目录下。

3）导入程序：在上述界面下选择所要导入的文件类型，然后选择所要导入的文件名，按［F3］（加载）键并选择［F4］（是），即可将程序导入到实体工业机器人中。

（2）将导出的程序通过以太网导入到实体工业机器人　根据工业机器人功能配置的不同，Mate 控制柜主板上有 1~2 个 RJ45 以太网接口用于以太网通信，须设置工业机器人 Mate 控制柜 IP 地址与计算机在同一网段内。工业机器人以太网通信的配置方法如下：

1）进入主机通信设置。

2）选择通信协议。

3）设置 TCP/IP 地址。

4）设置 FTP 登录用户名。

5）登录 FTP 服务器，登录成功后默认打开实体工业机器人存储器设备（MD）文件存储区，将本地文件直接拖到存储区，即可实现程序的下载；或者在 ROBOGUIDE 软件中使用仿真器（Simulation）功能，不仅可监控工业机器人的运行状态，还可实现程序的上传和下载。

任务分析

在了解工业机器人工件坐标系、程序导入与导出方式的基础上，进行切割模块的程序编

辑，根据切割模块任务要求进行切割机器人程序的加载与示教编程。

1. 工作计划

引导问题1：如何标定工业机器人工件坐标系？如图2-14所示，简述切割示教板模块中工件坐标系的标定步骤。

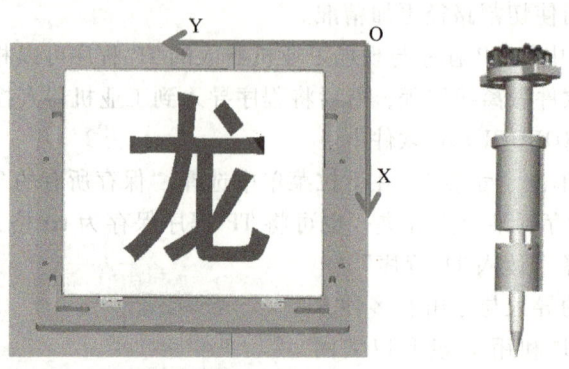

图2-14　切割示教板模块和切割工具

引导问题2：工业机器人离线轨迹如图2-15所示。简述离线程序导入与导出的方式与步骤。

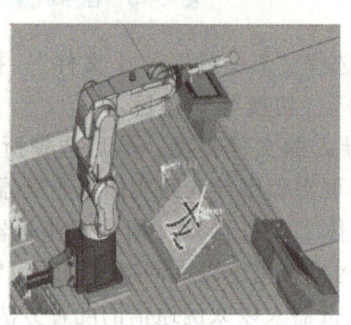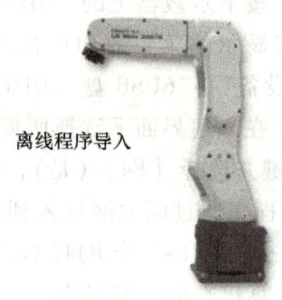

图2-15　工业机器人离线轨迹

2. 进行决策

引导问题1：分组讨论该切割机器人的工件坐标系标定步骤，深入探析切割机器人离线编程和真实环境如何映射且保持一致？

引导问题2：师生讨论并确定切割机器人离线轨迹、程序导入的思路和编辑方法。

_____

_____

切割机器人离线编程程序为：

任务实施

1. 切割机器人工作站工件坐标系的标定

1）按示教器上的［MENU］（菜单）键，找到"6设置"，选择"4坐标系"，然后按示教器上的［ENTER］（确定）键。

2）进入设置坐标系界面，选择坐标系，按示教器上的［F3］（坐标）键，选择"3用户坐标系"，然后按示教器上的［ENTER］（确定）键。

3）进入用户坐标系界面，选择用户坐标系1，按示教器上的［F2］（详细）键，进入设置界面，再次按示教器上的［F2］（方法）键，选择"1三点法"，进入三点法标定用户坐标系设定界面，标定与离线仿真平台中切割示教板相同位置的工件坐标系，三点法标定工件坐标系界面和效果图如图2-16所示。

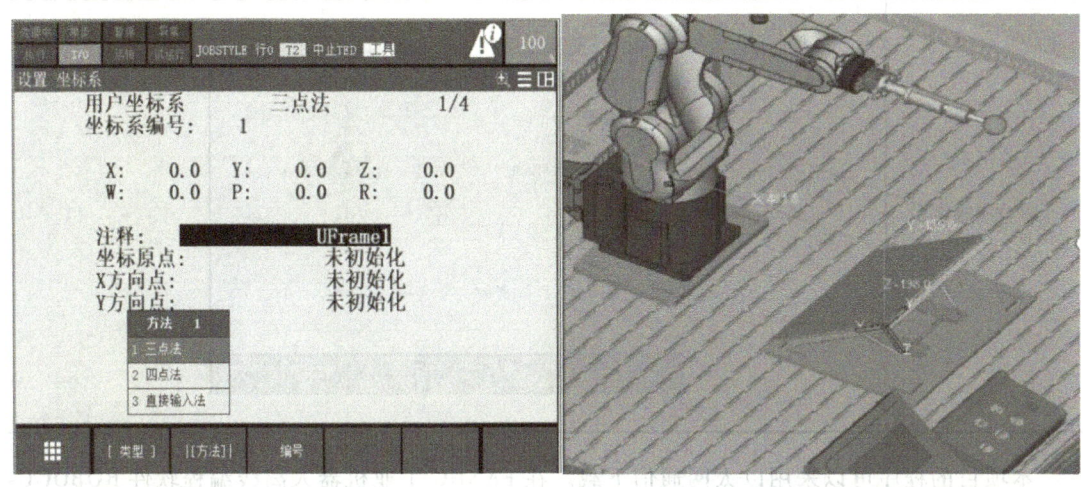

图2-16 三点法标定工件坐标系的界面和效果图

2. 切割机器人程序的导入

根据工作任务要求，导入切割图案的程序。离线编程的主要程序见表2-12。

表 2-12 切割图案的导入程序

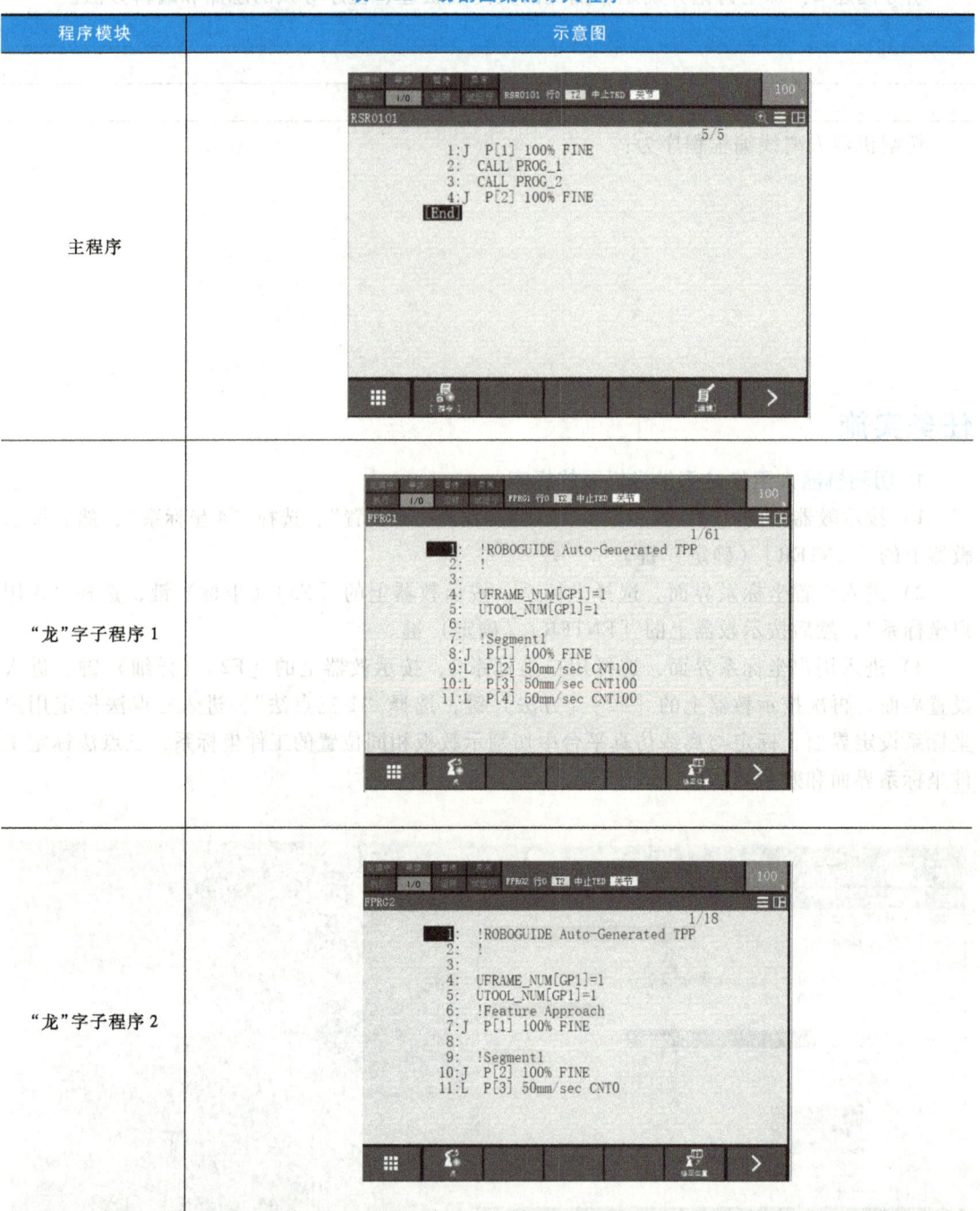

本项目的程序可以采用以太网通信下载。在 FANUC 工业机器人离线编程软件 ROBOGU-IDE 中使用仿真器（Simulation）功能，不仅可监控切割机器人的运行状态，还可实现切割程序的上传和下载，其使用步骤如下：

1）在 ROBOGUIDE 软件菜单栏的"工具"下拉菜单里面选择仿真器（Simulation），打开 Simulation 功能，如图 2-17 所示。

2）单击"网络定义"按钮，进入控制器网络参数设置界面，该界面显示工程文件中所有的工业机器人控制器，如图 2-18 所示。选择所需要配置的切割机器人控制器，单击"设置"进入详细设置界面，默认情况下系统间隔（Interval）100ms 与所选工业机器人网络交互，未设置网络参数时，控制器的状态显示"禁用"，设置参数后显示为"未连接"。

Roboguide 软件与工业机器人连接　　工业机器人程序的导入与导出

图 2-17　仿真器通信

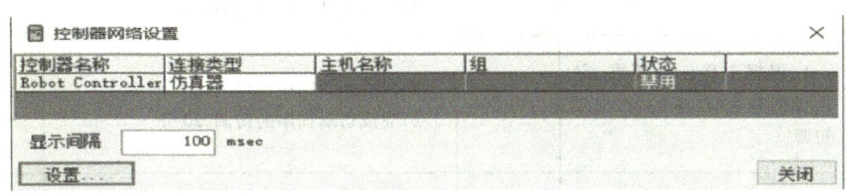

图 2-18　显示工业机器人控制器

3）在控制器详细设置界面中选择"连接类型"为"机器人"，并在下方输入主机名称（192.168.8.99），然后单击"OK"按钮，完成切割机器人的控制器网络设置，如图 2-19 所示。

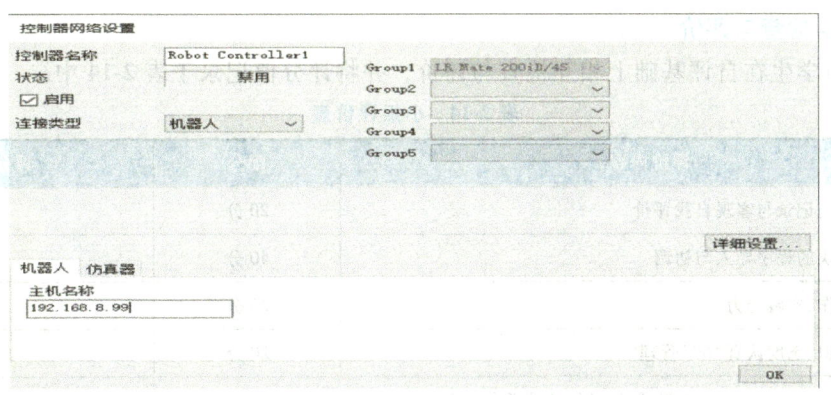

图 2-19　切割机器人控制器网络设置

4）监控实体切割机器人状态。完成上述设置后，单击"仿真器通信"窗口中的"开始通信"按钮，若配置无误，则状态指示灯变成绿色的，表示通信成功，切割机器人的运行状态就可以在 ROBOGUIDE 中显示。

3. 切割机器人程序的手动编辑与完善

导入切割机器人程序后，在示教器中进行 HOME 点的重新定位，编辑调整安全点、接近点、远离点等示教点，添加自动切割工具和放置工具的模块指令，完善整体程序。同时初步单步调试程序，确保调试的切割机器人程序在正确的坐标安全范围之内，为后续的连续运行和自动运行做准备。

任务评价

1. 自我检查与评价

学生根据工作任务完成情况进行自我检查与评价，并将评分值记录于表 2-13 中。

表 2-13 学生评价表

工作任务	考核内容	配分	评分标准	得分	备注
切割机器人示教编程	1. 安全意识与规范操作	10分	1）遵守实训室相关安全操作规范，5分 2）具备安全用电、规范操作的意识，5分		
	2. 工件坐标系的标定	35分	1）完成工件坐标系的标定，15分 2）完成工件坐标系的验证，20分		
	3. 根据工作任务要求，完成切割模块程序的导入与初调	40分	1）完成切割程序的导入，20分 2）完成切割程序的初调，20分		
	4. 职业规范与实训平台"6S"管理	15分	1）电工工具、扳手和器材摆放整齐，5分 2）做好气动设备及气动元器件维护，5分 3）实训平台"6S"管理，场地清理及打扫，5分		
	自我评分=（1~4项总分）×40%				

2. 小组检查与评价

同小组学生在自评基础上相互检查与评价，并将评分值记录于表 2-14 中。

表 2-14 小组评价表

评价内容	配分	评分
1. 项目实施记录与客观自我评价	20分	
2. 切割模块的程序导入与初调	40分	
3. 团队协作、实践能力	20分	
4. 安全意识、态度认真"6S"管理	20分	
小组评分=（1~4项总分）×30%		

3. 教师检查与评价

指导教师在学生自评与互评结果的基础上对其进行检查与综合评价，并将意见与评分值记录于表 2-15 中。

表 2-15 教师评价表

教师总体评价	教师评价（30分）五级制：优秀（30~27）、良好（26~24）、中等（23~21）、及格（20~18）、不及格（18以下）	
	评价等级及分值	
总评分=自我评分+小组评分+教师评分		

任务反馈

项目学习情况	
心得与反思	

拓展训练

1. 工业机器人工件坐标系的定义是什么？主要有哪几种标定方法？
2. 工业机器人工件坐标系标定后如何验证？
3. 工业机器人离线程序导入与导出的方法有哪些？导入后如何进行现场示教？
4. 工业机器人工件坐标系和工具坐标系为何要虚实一致？如果不一致会发生什么问题？
5. 简述工业机器人在哪些应用场合需要标定工件坐标系，并举例说明。

任务四 切割机器人程序运行与调试

任务目标

1）掌握单步、连续运行工业机器人的步骤和方法。
2）掌握自动运行工业机器人的操作和调试步骤。

任务准备

一. 工业机器人的自动运行

1. 自动运行的定义及功能

自动运行是从遥控装置通过外围设备 I/O 输入来启动程序的一种功能。自动运行具有如下功能：

1）机器人启动请求（RSR）功能。
2）程序号码选择（PNS）功能。
3）自动运行启动信号（PRODSTART 输入），从第 1 行启动当前所选的程序。程序处在暂停或执行中的情况下，忽略该信号。
4）通过循环停止信号（CSTOPI 输入）来结束当前执行的程序。
5）通过外部启动信号（START 输入）来启动当前暂停中的程序。

2. 工业机器人自动运行的方式

工业机器人常用的自动运行有 RSR 和 PNS 两种方式。

（1）基于 RSR 的自动运行　RSR 是一种从外部装置启动程序的方式，该方式使用 8 个输入信号来指定；控制装置根据 RSR1~8 输入判断所输入的 RSR 信号是否有效；若处在无效的情况下，则信号被忽略。

RSR 方式的程序命名要求：可以记录 8 个 RSR 记录号码，这些记录号码加上基本号码后的值就是程序号码（4 位数）。例如，在输入了 RSR2 的情况下，程序号码=RSR2 记录号码+基本号码，所选程序就成为以 RSR+（程序号码）为名称的程序。

程序处在结束状态的情况下，启动所选程序。其他程序处在执行中或暂停中的情况下，该请求将记录在等待行列，在执行中的程序结束时启动。RSR 程序的执行，从先记录在工作等待行列中的程序起按顺序执行。

当程序处在等待状态时，可通过循环停止信号（CSTOPI 输入）和程序强制结束来解除该状态。

（2）基于 PNS 的自动运行　PNS 是一种从遥控装置选择程序的方式。PNS 程序号码通过 8 个输入信号来指定。

控制装置通过 PNSTROBE 脉冲输入将 PNS1~8 输入信号作为二进制数读出。程序处在暂停中或执行中的情况下，该信号被忽略。PNSTROBE 脉冲处在 ON 期间，不能通过示教器选择程序。

PNS 方式的程序命名要求：将所读出的 PNS1~8 信号变换为十进制数后的值就是 PNS 号码。该号码加上基本号码后的值，就是程序号码（4 位数），即：程序号码=PNS 号码+基本号码，所选程序就成为以 PNS+(程序号码) 为名称的程序。

3. 自动运行的执行条件

通过外围设备 I/O 输入来启动程序时，需要将工业机器人置于遥控状态。遥控状态是指如下遥控条件成立时的状态：

1）控制柜模式开关置于开启（ON）。
2）非单步执行状态。
3）控制柜模式开关打到自动（AUTO）档。
4）自动模式为外部控制（REMOTE）。将"专用外部信号"设置为"启用"，如图 2-20 所示。
5）将"远程/本地设置"设置为"远程"，如图 2-21 所示。

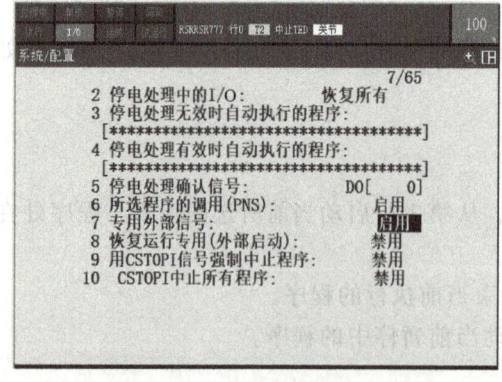

图 2-20　专用外部信号

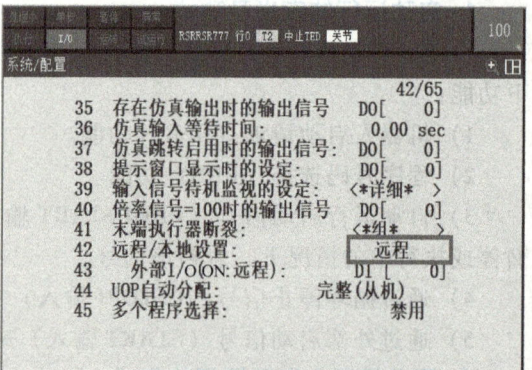

图 2-21　远程/本地设置

二、工业机器人运行与调试操作规范

1. 工业机器人示教及手动操作

1）操作工业机器人时，不要戴着手套去操控工业机器人示教器及操作面板。

2）点动工业机器人时，要采用较低的速度倍率去操控工业机器人动作，增加对工业机器人的控制强度。

3）操控工业机器人运行之前，要预先考虑工业机器人的运动趋势，以免发生碰撞。

4）对工业机器人示教编程时，要预先考虑好工业机器人的运动轨迹，以确保工业机器人运动线路不会受干扰。

5）工业机器人周围要保持清洁，无油、水及杂质等。

2. 工业机器人程序运行操作

1）在开机运行工业机器人之前，需了解工业机器人根据程序所要执行的全部任务。

2）清楚工业机器人所有运动的控制按键、传感器开关及控制信号的位置及状态信息。

3）要知道工业机器人控制柜及外围设备上紧急停止开关的位置，以防在紧急状况下找不到急停按钮位置，产生人身安全威胁及损失。

4）如果工业机器人在运行过程中突然停止，不要误认为工业机器人不移动就是程序已经执行完毕。这也可能是工业机器人在等待一个触发条件信号，当接收到这个信号后它才会继续运动。

任务分析

1. 工作计划

引导问题1：单步、连续运行切割机器人程序的步骤是什么？
_____
_____

引导问题2：自动运行切割机器人程序时，自动运行的坐标系要满足哪些条件？
_____
_____

2. 进行决策

引导问题1：基于切割机器人程序，分组讨论连续运行和自动运行的区别以及需要注意哪些安全事项。
_____
_____

引导问题2：师生讨论并确定自动运行切割机器人的方案，并确定调试步骤。
_____
_____

任务实施

1. 手动运行与调试切割机器人程序

在真实工作站中,切割机器人运行前,须标定工具坐标系和工件坐标系,标定方法可以分别采用已学任务的工件坐标系三点法和工具坐标系六点法。在标定完工具坐标系和工件坐标系后,在示教器中调用虚拟仿真中一致的坐标系。然后将示教器调至"程序编辑器"界面,找到上传的主程序 QIEGE_1,将光标移至第一行,先手动单步运行程序,以确保安全,观察切割机器人运动轨迹是否符合要求。手动单步运行程序没问题后,再次手动连续运行程序。

2. 自动运行与调试切割机器人程序

以切割模块程序为例,主程序名修改为 RS0101,以便进行外部启动。

1) 按示教器上的 [MENU](菜单)键,选择"6 设置"→"1 选择程序",在选择程序界面中,选择程序模式为 RSR,如图 2-22 所示。

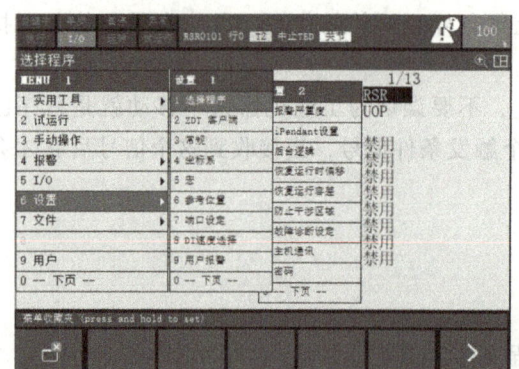 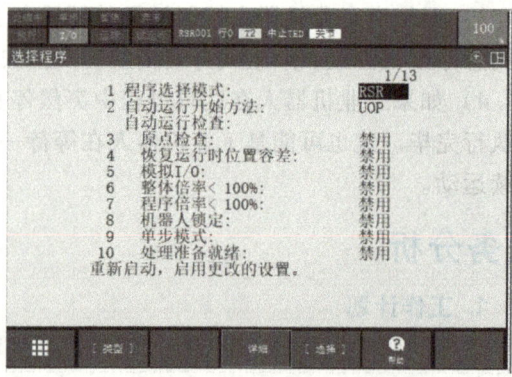

图 2-22 选择程序模块 RSR

2) 完成模式选择后,光标对准"RSR",单击界面中的"详细",进入 RSR 设置界面,可以对 RSR 进行程序编号和基数的设置。在这里将 RSR1 的"程序编号"设置为"1",将"基数"设置为"100",如图 2-23、图 2-24 所示。即现在的启动方式为 RSR,启动的程序名称为 RSR0101。

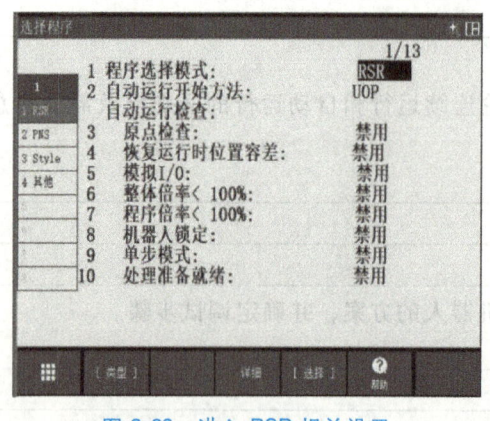 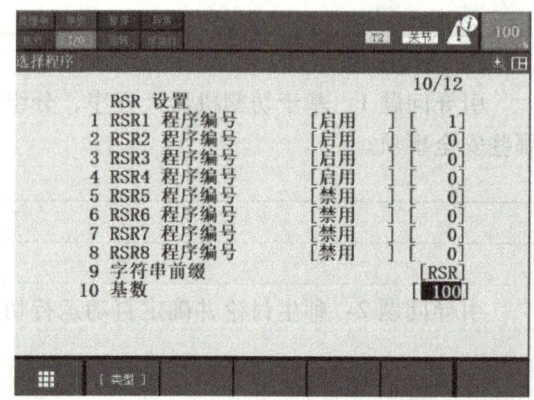

图 2-23 进入 RSR 相关设置　　　　　　　图 2-24 编号和基数设置

3）程序运行的模式选择：按示教器上的［MENU］（菜单）键，选择"6 系统"→"5 配置"，将配置中的"7 专用外部信号"设置为"启用"，将"42 远程/本地设置"更改为"远程"，如图 2-25～图 2-27 所示。完成所有设置后，将示教器 TP 开关选择为"OFF"，将控制柜的模式选择为"AUTO"。这时，按外部控制柜的复位键，再按启动键，切割机器人即可自动运行以 RSR0101 命名的程序。

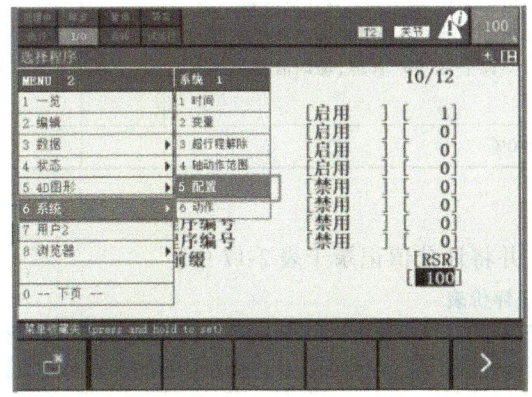

图 2-25　进入系统配置界面

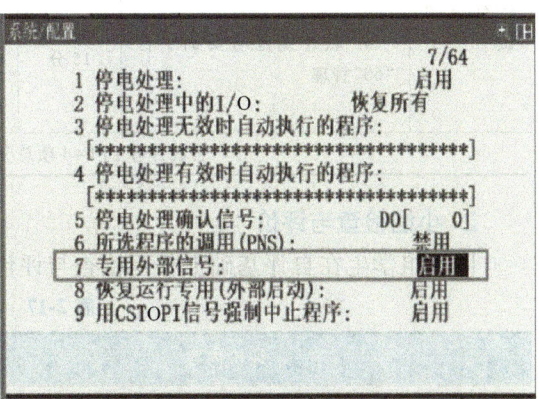

图 2-26　设置专用外部信号

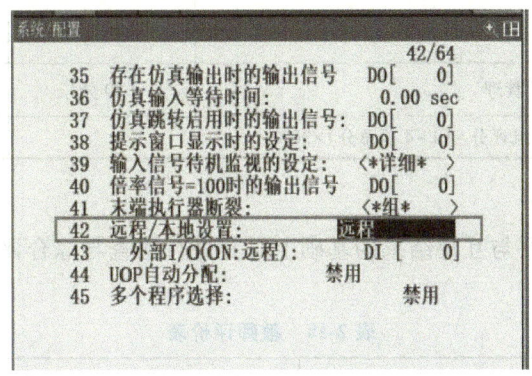

图 2-27　进行远程/本地设置

任务评价

1. 自我检查与评价

学生根据工作任务完成情况进行自我检查与评价，并将评分值记录于表 2-16 中。

表 2-16　学生评价表

工作任务	考核内容	配分	评分标准	得分	备注
切割机器人程序运行与调试	1. 安全意识与规范操作	10 分	1）遵守实训室相关安全操作规范，5 分 2）具备安全用电、规范操作的意识，5 分		
	2. 切割机器人程序的手动单步、连续运行	35 分	1）完成切割机器人程序的手动单步运行，15 分 2）完成切割机器人程序的手动连续运行，20 分		

（续）

工作任务	考核内容	配分	评分标准	得分	备注
切割机器人程序运行与调试	3. 切割机器人的自动运行	40分	1）完成切割机器人自动运行前的准备，20分 2）完成切割机器人的自动运行，20分		
	4. 职业规范与实训平台"6S"管理	15分	1）电工工具、扳手和器材摆放整齐，5分 2）做好气动设备及气动元器件维护，5分 3）实训平台"6S"管理，场地清理及打扫，5分		
	自我评分＝(1～4项总分)×40%				

2. 小组检查与评价

同小组学生在自评基础上相互检查与评价，并将评分值记录于表2-17中。

表2-17 小组评价表

评价内容	配分	评分
1. 项目实施记录与客观自我评价	20分	
2. 切割机器人的手动和自动运行	40分	
3. 团队协作、实践能力	20分	
4. 安全意识、态度认真、"6S"管理	20分	
小组评分＝(1～4项总分)×30%		

3. 教师检查与评价

指导教师在学生自评与互评结果的基础上对其进行检查与综合评价，并将意见与评分值记录于表2-18中。

表2-18 教师评价表

教师总体评价	教师评价(30分)五级制：优秀(30～27)、良好(26～24)、中等(23～21)、及格(20～18)、不及格(18以下)
	评价等级及分值
总评分＝自我评分+小组评分+教师评分	

任务反馈

项目学习情况	
心得与反思	

拓展训练

1. 切割机器人工作站中，引入手动单步、连续运行进行实操调试。
2. 简述自动运行调试切割机器人程序的具体步骤。
3. 常用的自动运行方式包括哪几种？各有什么特点？
4. 叙述在整个切割机器人程序运行过程中必须满足的条件。
5. 自动运行方式 RSR 和 PNS 分别具有什么特点？它们的程序命名有什么要求？

项目三 工业机器人搬运编程与操作
PROJECT 3

知识目标

1）了解搬运机器人的特点。
2）了解搬运机器人工作站气动模块及搬运工具的控制方法。
3）掌握工业机器人的示教器动作指令的偏移功能。
4）掌握搬运机器人的路径规划。
5）掌握搬运机器人的程序设计。
6）掌握搬运机器人程序的运行、调试和优化。

技能目标

1）能够根据工作任务和布局图要求，安装搬运机器人工作站。
2）能够根据工作任务要求，选择和应用合适的搬运工具。
3）能够根据工作任务要求，规划搬运多边形工件的路径。
4）能够运用工业机器人 I/O 动作指令控制搬运工具取、放工件。
5）能够根据工作任务要求，应用运动指令编写搬运机器人程序。
6）能够运用动作指令偏移功能，运行搬运机器人程序，并进行调试和优化。

素养目标

1）培养质量意识、环保意识、安全意识、信息素养、创新思维。
2）培养协同合作能力，多参与实训室清洁、维护保养活动，熟悉"6S"管理制度。

职业技能等级要求

工业机器人应用编程证书技能要求（初级）	
3.2.1	能够根据工作任务要求，运用机器人 I/O 设置传感器、电磁阀等 I/O 参数，编制供料等装置的工业机器人的上、下料程序
3.3.1	能够根据工作任务要求，编写搬运、装配等工业机器人应用程序
3.3.3	能够根据工艺流程调整要求及程序运行结果，对搬运、装配等工业机器人应用程序进行调整

项目描述

搬运机器人是可以进行自动化搬运作业的工业机器人。搬运机器人可安装不同的末端执行器以完成各种不同形状和状态的工件的搬运工作,大大减轻了人类繁重的体力劳动。搬运机器人被广泛应用于机床上、下料,冲压机自动化生产线,自动装配流水线,码垛、搬运等场景。

搬运机器人是近代自动控制领域出现的一项高新技术,已成为现代机械制造生产体系的重要组成部分。本项目主要以包含多边形工件的搬运模块为例,利用工业机器人搭载搬运工具实训套件,通过示教器手动操作,编写程序,实现搬运多边形工件的功能,同时使学生掌握工业机器人搬运应用的特点以及搬运程序的编写,通过对搬运程序结构以及搬运流程的分析,实现工业机器人搬运路径的程序优化。

平台准备

本项目所用平台包括表 3-1 中各部分。

表 3-1 平台各部分的名称及外形图

名称	YL-18 机器人工作台	FANUC 工业机器人	快换装置模块
外形图			
名称	搬运模块	搬运工具(吸盘)	快换装置
外形图			
名称	气泵		
外形图			

任务一　搬运机器人工作站的安装与准备

任务目标

1）认识搬运机器人工作站的组成及功能。
2）认识搬运机器人的搬运工具。
3）能够根据工作任务和布局图要求，安装搬运机器人工作站。

任务准备

一、搬运机器人工作站的组成及功能

搬运机器人工作站由工业机器人、搬运工具和搬运模块等组成，搬运模块和搬运工具如图 3-1 所示。搬运模块由搬运平台和上下表面为正方形、椭圆形、多边形、圆形的柱体组成，可单独使用，进行搬运练习。搬运机器人工作站的主要功能是：首先搬运工具通过快换装置安装到搬运机器人法兰盘上，然后搬运工具按照搬运机器人的运行轨迹规划，进行搬运模块中各柱体的搬运；另外，还可在各柱体的另一面嵌入 RFID 芯片，和 RFID 模块组合使用，进行判断逻辑搬运。工作时，注意将搬运模块放置在桌面上的合适位置并安装好，将搬运工具放置于夹具库位内，检查设备气压是否正常。

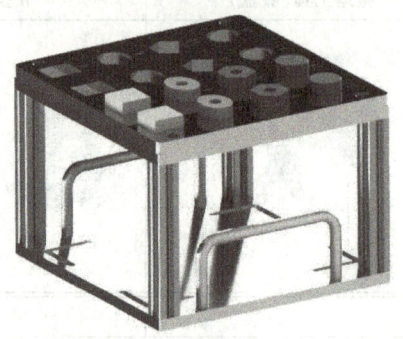

图 3-1　搬运模块和搬运工具

二、搬运工具及气动模块

本项目采用吸盘作为搬运工具。它的气路主要包括空气压缩机、气源处理装置、电磁阀以及真空发生器，以控制吸盘工作。气源处理装置的输入气源来自空气压缩机，输入压力为 0.6~1.0MPa，输出压力为 0~0.8MPa。气源处理装置实物图及气动原理图如图 3-2 所示。

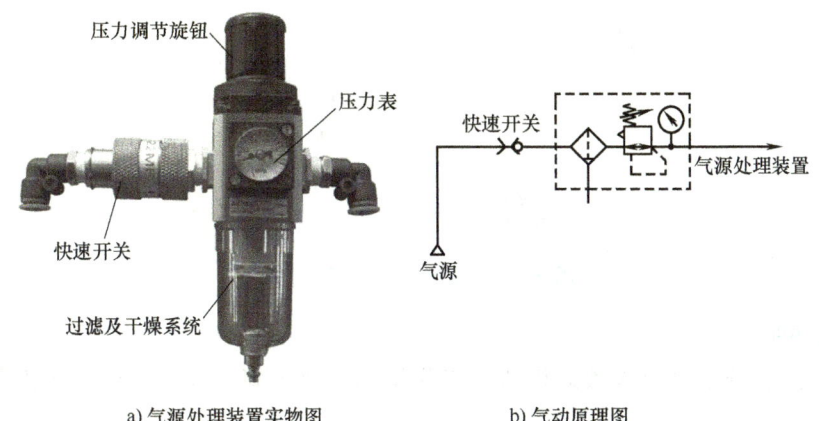

a) 气源处理装置实物图　　　　　b) 气动原理图

图 3-2　气源处理装置实物图及气动原理图

经过气源处理装置处理输出的压缩空气通过气路输送到各工作单元。吸盘主要通过电磁阀控制真空发生器,进而控制对搬运工件的吸附和分离。真空发生器的示意图和图形符号如图 3-3 所示。P 口和 V 口不要安装反,否则无法产生真空。

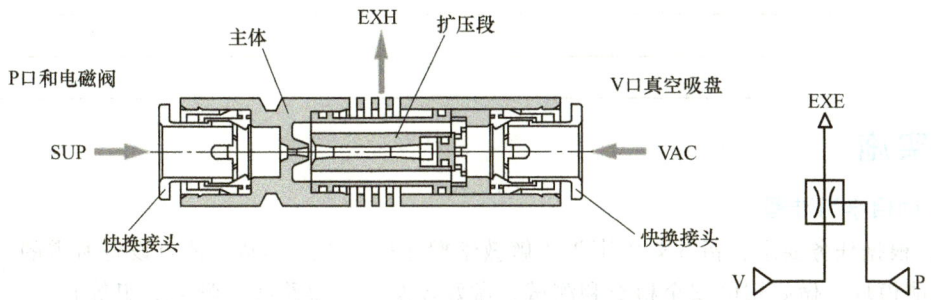

图 3-3　真空发生器示意图和图形符号

任务分析

在了解搬运机器人工作站的组成及功能的基础上,进行实物观察、记录。根据工业机器人的工艺及布局要求,进行搬运机器人工作站的安装与准备,同时使用示教器进行搬运机器人 HOME 点的示教。

1. 工作计划

引导问题 1：了解搬运机器人工作站的组成及功能,思考如何进行搬运机器人的安装。

_____

_____

引导问题 2：了解搬运机器人搬运工具气路,思考如何进行搬运工具的气路安装,工业机器人和搬运工具如图 3-4 所示。

_____

_____

_____

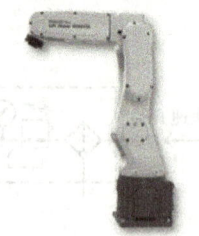

图 3-4 工业机器人和搬运工具

2. 进行决策

引导问题 1：分组讨论该搬运机器人工作站的安装步骤，合理分析搬运机器人的工作空间。

_____
_____
_____

引导问题 2：师生讨论并确定搬运机器人搬运工具的安装和气路控制，并设置 HOME 点。

_____
_____
_____

任务实施

1. 项目学习准备

1）根据任务要求，指导教师事先了解教学搬运机器人工作站，清点设备所需的功能模块，做好用电安全检查和测试，做好预案（观察路线、学生分组等）。

2）指导教师对操作的安全规范做出要求，并进行学生任务分配。任务分配见表 3-2。

表 3-2 学生任务分配表

班级		组号				指导教师	
组长		学号					
组员	姓名	学号	姓名	学号	姓名	学号
任务分工							

2. 认识搬运机器人工作站的组成及功能

通过课堂学习，认识工业机器人本体、搬运工具及搬运模块，观察并记录安装布局位置。

3. 对搬运机器人工作站进行硬件搭建

根据实训室安全操作规范，对搬运机器人工作站进行硬件搭建，其步骤如下：

1）打开模块存放柜，找到搬运模块套件、快换装置以及内六角扳手。

2）把搬运模块套件放置在桌面上，选择合适的螺钉，把搬运模块套件安装至搬运机器人操作空间的合理位置。

3）安装搬运工具：首先把搬运工具与搬运机器人的快换装置安装至搬运机器人六轴法兰盘上，然后把搬运工具安装至另一个快换装置上，连接气路。

4）将搬运工具放置于夹具架上，完成硬件布局。

4. 对搬运机器人进行 HOME 点示教和气路测试

将对搬运机器人进行 HOME 点示教和气路测试的步骤记录于表 3-3 中。

表 3-3 搬运机器人 HOME 点示教和气路测试

序号	HOME 点示教步骤	吸盘气路手动测试步骤
1		
2		
3		
4		
5		

5. 实训总结

学生分组，每个人讲述安装搬运机器人工作站、示教 HOME 点、安装吸盘和手动控制气路的步骤。要求做到能讲出主要工作过程、遇到的问题及其解决方法，再交换角色，重复进行。

任务评价

1. 自我检查与评价

学生根据工作任务完成情况进行自我检查与评价，并将评分值记录于表 3-4 中。

表 3-4 学生评价表

工作任务	考核内容	配分	评分标准	得分	备注
搬运机器人工作站的安装与准备	1. 安全意识与规范操作	10 分	1）遵守实训室相关安全操作规范，5 分 2）具备安全用电、规范操作的意识，5 分		
	2. 搬运机器人工作站的安装与准备	35 分	1）正确认识搬运机器人工作站功能，10 分 2）完成搬运机器人工作站模块安装，10 分 3）完成搬运机器人快换装置的安装，15 分		
	3. 工业机器人搬运工具的安装与测试	40 分	1）完成搬运机器人 HOME 点示教，10 分 2）完成搬运机器人搬运工具的气路安装，10 分 3）完成搬运机器人搬运工具的气路测试，20 分		
	4. 职业规范与实训平台"6S"管理	15 分	1）电工工具、扳手和器材摆放整齐，5 分 2）做好气动设备及气动元器件维护，5 分 3）实训平台"6S"管理，场地清理及打扫，5 分		
	自我评分＝（1～4 项总分）×40%				

2. 小组检查与评价

同小组学生在自评基础上相互检查与评价,并将评分值记录于表 3-5 中。

表 3-5　小组评价表

评价内容	配分	评分
1. 项目实施记录与客观自我评价	20 分	
2. 搬运机器人工作站的安装和准备	40 分	
3. 团队协作、实践能力	20 分	
4. 安全意识、态度认真、"6S 管理"	20 分	
小组评分=(1~4 项总分)×30%		

3. 教师检查与评价

指导教师在学生自评与互评结果的基础上对其进行检查与综合评价,并将意见与评分值记录于表 3-6 中。

表 3-6　教师评价表

教师总体评价	教师评价(30 分)五级制:优秀(30~27)、良好(26~24)、中等(23~21)、及格(20~18)、不及格(18 以下)	
	评价等级及分值	
总评分=自我评分+小组评分+教师评分		

任务反馈

项目学习情况	
心得与反思	

拓展训练

1. 搬运机器人主要应用在哪些行业及领域?具有什么特点?
2. 简述搬运机器人工作站的组成及功能。
3. 简述工业机器人的真空发生器的特点和工作原理。
4. 工业机器人吸盘气路如何进行测试?气源组件主要有哪些?
5. 简述搬运机器人工作站的安装过程。

任务二 工业机器人 I/O 接口的使用

任务目标

1) 认识工业机器人 I/O 接口的定义和类型。
2) 熟悉工业机器人 I/O 接口的控制方法,掌握机器人 I/O、数字 I/O 信号指令的使用方法。
3) 能够根据工作任务要求,完成搬运机器人拾取搬运工具的示教编程。

任务准备

I/O(输入/输出)信号指令,是改变向外围设备输出信号状态,或读取输入信号状态的指令。I/O 信号指令包括四个部分:数字 I/O 信号指令、机器人 I/O 信号指令、模拟 I/O 信号指令和组 I/O 信号指令。本任务主要用到机器人 I/O 信号指令、数字 I/O 信号指令。

一、工业机器人的 I/O 信号指令

1. 机器人 I/O 信号指令

机器人 I/O 信号是经由工业机器人,作为末端执行器 I/O 被使用的机器人数字信号。末端执行器 I/O 与工业机器人的手腕上所附带的连接器连接后使用。

机器人 I/O 信号指令包括输入指令 RI [i] 和输出指令 RO [i]。以输出指令 RO [i] 为例来介绍,RO [i]=ON/OFF 指令,用于接通或断开所指定的数字输出信号。程序 "RO [1]=ON" 的功能是将工业机器人输出信号 "1" 的状态置为 1;"RO [1]=OFF" 的功能是将工业机器人输出信号 "1" 的状态置为 0。目前 RO [1]、RO [2] 就属于工业机器人 I/O 信号指令,用于控制快换装置的安装和夹具的开合。

2. 数字 I/O 信号指令

数字 I/O 信号是从外围设备通过处理 I/O 印制电路板(或 I/O 单元)的 I/O 信号线来进行数据交换的标准数字信号。正确地说,它属于通用型数字信号。数字信号的值有 ON(通)和 OFF(断)共两类。

数字 I/O 信号指令包括输入指令 DI [i] 和输出指令 DO [i]。以输出指令 DO [i] 为例来介绍,DO [i]=ON/OFF 指令,用于接通或断开所指定的数字输出信号。程序 "DO [115]=OFF" 与 "DO [115]=ON" 的功能是将输出信号 "115" 的状态置为 0、"115" 的状态置为 1,在本任务中对应实际的效果为搬运工具对工件的放开与吸附。

WAIT...(sec)指令是一种时序控制指令,其功能是使程序控制各设备之间的配合时间顺序更准确,通常用于需要延长程序运行时间的场合,可以跟数字 I/O 信号指令配合使用。

二、I/O 接口的手动控制

机器人 I/O 手动控制的步骤为：按示教器上的 [MENU]（菜单）键，选择 "I/O"→"机器人"，如图 3-5 所示，弹出机器人 I/O 控制界面，如图 3-6 所示，选择要控制的 I/O 信号，并通过控制界面上的 ON/OFF，来进行 I/O 控制。

数字 I/O 手动控制的步骤为：按示教器上的 [MENU]（菜单）键，选择 "I/O"→"数字"，弹出数字 I/O 控制界面，如图 3-7 所示，选择要控制的 I/O 信号，并通过控制界面上的 ON/OFF，来进行 I/O 控制。

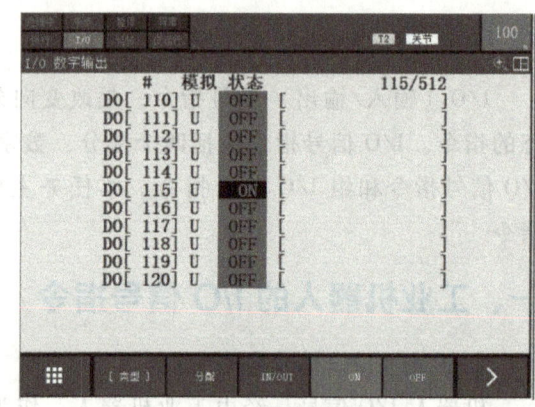

图 3-5 进入机器人输出界面

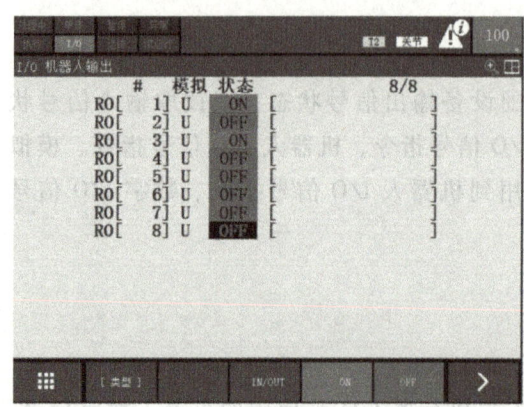

图 3-6 机器人 I/O 控制界面

图 3-7 数字 I/O 控制界面

任务分析

在了解工业机器人 I/O 类型及设置的基础上，进行工业机器人 I/O 示教应用训练，根据工作任务要求，完成工业机器人 I/O 控制取夹具以及多边形等工件的搬运。

1. 工作计划

引导问题 1：手动操作搬运机器人时，如图 3-8 所示，如何进行搬运工具的拾取？

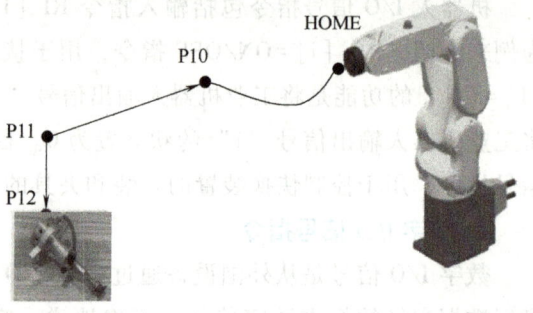

图 3-8 搬运机器人控制拾取搬运工具

引导问题 2：手动操作搬运机器人时，如何利用搬运工具搬运工件？

2. 进行决策

引导问题1：分组讨论该机器人与数字I/O的关联，分析手动控制I/O的操作步骤和调试步骤。

___

引导问题2：师生讨论并确定手动操作搬运机器人来拾取搬运工具的路径、速度和调试方法。

___

任务实施

1. 手动控制搬运工具数字I/O信号的操作步骤

1）[MENU]（菜单）键→"I/O"→"数字"→[ENTER]键。
2）切换为输出信号→移至状态栏→[F4]（ON）键或[F5]（OFF）键。
3）切换为输入信号→移至模拟栏→[F4]（模拟）键→移至状态栏→[F4]（ON）键或[F5]（OFF）键。

2. 对I/O指令搬运应用模块进行示教编程

1）工业机器人移至六边形模块上方→抓取物件→工业机器人回到六边形模块上方。
2）工业机器人移至椭圆形模块上方→放下物件→工业机器人回到椭圆形模块上方。

3. 工业机器人I/O的操作

1）工业机器人移至搬运工具上方→吸附夹具→工业机器人回到搬运工具上方。
2）工业机器人移至搬运工具上方→放下夹具→工业机器人回到搬运工具上方。

任务评价

1. 自我检查与评价

学生根据工作任务完成情况进行自我检查与评价，并将评分值记录于表3-7中。

表3-7 学生评价表

工作任务	考核内容	配分	评分标准	得分	备注
工业机器人I/O接口的使用	1. 安全意识与规范操作	10分	1)遵守实训室相关安全操作规范,5分 2)具备安全用电、规范操作的意识,5分		
	2. 工业机器人的I/O控制操作	35分	1)完成工业机器人的输出控制操作,15分 2)完成工业机器人的输入控制操作,20分		
	3. 搬运机器人的吸盘的拾取动作	40分	1)完成搬运机器人的吸盘吸附夹具的操作,20分 2)完成搬运机器人的吸盘放下工具的操作,20分		

（续）

工作任务	考核内容	配分	评分标准	得分	备注
工业机器人 I/O 接口的使用	4. 职业规范与实训平台"6S"管理	15 分	1）电工工具、扳手和器材摆放整齐，5 分 2）做好气动设备及气动元器件维护，5 分 3）实训平台"6S"管理，场地清理及打扫，5 分		
	自我评分=（1~4 项总分）×40%				

2. 小组检查与评价

同小组学生在自评基础上相互检查与评价，并将评分值记录于表 3-8 中。

表 3-8　小组评价表

评价内容	配分	评分
1. 项目实施记录与客观自我评价	20 分	
2. 工业机器人 I/O 接口的使用操作情况	40 分	
3. 团队协作、实践能力	20 分	
4. 安全意识、态度认真、"6S"管理	20 分	
小组评分=（1~4 项总分）×30%		

3. 教师检查与评价

指导教师在学生自评与互评结果的基础上对其进行检查与综合评价，并将意见与评分值记录于表 3-9 中。

表 3-9　教师评价表

教师总体评价		教师评价（30 分）五级制：优秀（30~27）、良好（26~24）、中等（23~21）、及格（20~18）、不及格（18 以下）
		评价等级及分值
总评分=自我评分+小组评分+教师评分		

任务反馈

项目学习情况	
心得与反思	

拓展训练

1. 简述工业机器人 I/O 的类型及定义。

2. 简述机器人 I/O 信号的控制方法和操作。
3. 简述数字 I/O 信号的控制方法和操作。
4. 搬运机器人如何进行搬运工具的拾取？简述具体操作步骤。
5. 简述工业机器人在哪些应用场合需要机器人 I/O 信号和数字 I/O 信号配合使用，举例说明。

任务三　搬运机器人示教编程

任务目标

1）熟练掌握工业机器人运动指令的应用。
2）能够根据工作任务要求，运用机器人 I/O 和数字 I/O，编写控制程序。
3）能够根据工作任务要求，完成搬运机器人程序的创建与示教。

任务准备

一、涉及的工业机器人运动指令及 I/O 指令

（1）L 线性运动指令　L 线性运动指令用于将 TCP 沿直线移动至给定目的点。当 TCP 保持固定时，该指令也可用于调整工具方位。

（2）J 关节运动指令　当运动无须沿着直线时，可使用 J 关节运动指令，使机械臂沿非线性路径迅速地从一点运动至另一点。此时，所有轴均同时达到目的位置。

（3）C 圆弧运动指令　C 圆弧运动指令用于圆弧运动方式，需要示教 2 个点位，即圆弧上中间点以及末端点。

（4）RO［1］= ON/OFF 指令　该指令用于置位和复位机器人 I/O 信号。

（5）DO［115］= ON/OFF 指令　该指令用于置位和复位机器人数字 I/O 信号。

（6）CALL 指令　该指令是机器人程序调用指令。

（7）WAIT 指令　该指令是等待指令，可用于等待时间，也可用于等待信号。

（8）FOR 指令　该指令是循环指令。

二、Offset 偏移功能

工业机器人搬运、码垛、焊接等应用中，经常涉及位置的偏移。在编程时，偏移功能可实现以目标点为参考点的其他位置点的偏移运算，减少运行目标点的示教，提高编程效率。

偏移功能的指令有两种格式，一种是在点位后面加附加指令"offset，PR［i］"，如例 1；另一种是，先给出偏移的条件，即先给出偏移量再做偏移指令追加，如例 2。

例 1：L P［1］1000mm/s fine Offset，PR［i］

该语句的含义：在 P［1］的基础上加上偏移量 PR［i］后移动到的新的位置 P［2］。

例 2：OFFSET CONDITION PR［i］

L P [1] 1000mm/s fine Offset

该语句的含义：先设定偏移量 PR [i]，然后在 P [1] 的基础上加上偏移量 PR [i] 后移动到新的位置 P [2]。

以图 3-9 为例，采用偏移功能，便可只示教第一个长方形轨迹点，另一个长方形轨迹点由偏移 150mm 计算而得。这样，可优化程序，提高编程效率。

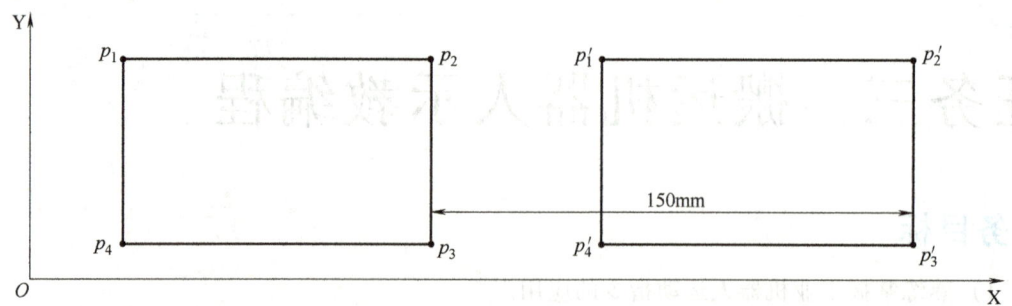

图 3-9　长方形运行轨迹

任务分析

在了解工业机器人运动指令、I/O 接口以及基本程序示教编程的基础上，编写搬运机器人程序，并根据搬运模块任务要求进行搬运机器人的示教编程。

1. 工作计划

引导问题 1：搬运机器人程序用到哪些运动指令？搬运模块和工业机器人如图 3-10 所示，在对搬运模块各工件的搬运过程中如何使用偏移指令优化程序？

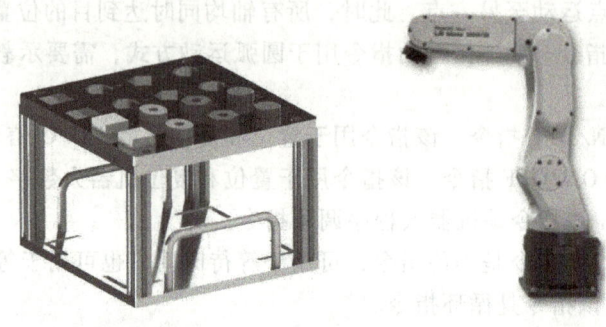

图 3-10　搬运模块和工业机器人

引导问题 2：如图 3-11 所示，简述搬运工具坐标系标定原理与步骤。

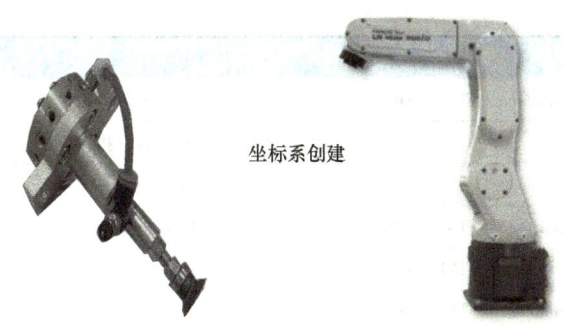

坐标系创建

图 3-11　工业机器人搬运工具坐标系标定

2. 进行决策

引导问题 1：分组讨论该搬运机器人的搬运过程，记录搬运示教指令和步骤。

___

___

引导问题 2：师生讨论并确定搬运机器人的搬运轨迹、搬运思路和程序编辑方法。

___

___

搬运机器人示教编程搬运程序为：

任务实施

1. 搬运机器人工作站的准备

搬运机器人工作站由 6 轴工业机器人、搬运工具和搬运模块等组成。工业机器人需完成搬运上下表面为多边形、椭圆形、正方形、圆形等柱体的轨迹，将搬运模块安装于设备的合适位置，将搬运工具安装于工业机器人法兰盘或者工具架上。

2. 搬运各柱体工件的程序的编写

根据工作任务要求，进行上下表面为多边形、椭圆形、正方形、圆形等柱体工件的搬运程序设计，见表 3-10。

表 3-10　搬运各柱体工件的程序

程序行	指令	注释
1	J　P[1]　10%　FINE	到达安全位置
2	FOR　R[4]=0　TO　3	循环四次
3	L　P[2]　100mm/sec　FINE　Offset,PR[1]	到达中间位置

(续)

程序行	指令	注释
4	L　P[3]　100mm/sec　FINE　Offset,PR[1]	到达吸取位置
5	DO[115]=ON	吸取第一排第一个工件
6	WAIT　1.00(sec)	等待1s
7	L　P[4]　100mm/sec　FINE　Offset,PR[1]	提取至安全位置
8	L　P[6]　100mm/sec　FINE　Offset,PR[1]	到达中间位置
9	L　P[5]　100mm/sec　FINE　Offset,PR[1]	到达放置位置
10	DO[115]=OFF	放置物料
11	WAIT　1.00(sec)	等待1s
12	L　P[6]　100mm/sec　FINE　Offset,PR[1]	提取至安全位置
13	L　P[7]　100mm/sec　FINE　Offset,PR[1]	到达中间位置
14	L　P[8]　100mm/sec　FINE　Offset,PR[1]	到达吸取位置
15	DO[115]=ON	吸取第一排第二个工件
16	WAIT　1.00(sec)	等待1s
17	L　P[7]　100mm/sec　FINE　Offset,PR[1]	提取至安全位置
18	L　P[9]　100mm/sec　FINE　Offset,PR[1]	到达中间位置
19	L　P[10]　100mm/sec　FINE　Offset,PR[1]	到达放置位置
20	DO[115]=OFF	放置物料
21	WAIT　1.00(sec)	等待1s
22	L　P[9]　100mm/sec　FINE　Offset,PR[1]	提取至安全位置
23	PR[1,1]=PR[1,1]-52	每循环一次PR[1]的X轴减少52
24	END　FOR	循环结束

3. 搬运机器人程序的创建及示教

使用FANUC工业机器人示教器进行程序的创建及示教的步骤如下：

1）按[SELECT]键进入程序目录界面。

2）按[F2]（创建）键，进入程序创建命名界面，程序命名为"RSR001"。

3）按[EDIT]键进入程序编辑界面。

4）按[F1]（点）键，选择所需运动指令，再按[ENTER]键确认。

5）移动搬运机器人到所需位置，重复步骤4），进行后续点的示教。

6）按住[SHIFT]+[F5]（示教）键，可以修改示教搬运机器人目标点位置，并进行记录。

此外，运行过程要结合I/O接口的使用、WAIT指令以及FOR指令，完善和优化搬运机器人程序。

任务评价

1. 自我检查与评价

学生根据工作任务完成情况进行自我检查与评价，并将评分值记录于表3-11中。

表 3-11　学生评价表

工作任务	考核内容	配分	评分标准	得分	备注
搬运机器人示教编程	1. 安全意识与规范操作	10 分	1）遵守实训室相关安全操作规范,5 分 2）具备安全用电、规范操作的意识,5 分		
	2. 搬运机器人的程序设计	35 分	1）完成搬运上下表面为多边形柱体工件的程序设计,10 分 2）完成搬运上下表面为椭圆形柱体工件的程序设计,10 分 3）完成搬运上下表面为正方形柱体工件的程序设计,10 分 4）完成搬运上下表面为圆形柱体工件的程序设计,5 分		
	3. 搬运机器人的程序示教	40 分	1）完成搬运上下表面为多边形柱体工件的示教编程,10 分 2）完成搬运上下表面为椭圆形柱体工件的示教编程,10 分 3）完成搬运上下表面为正方形柱体工件的示教编程,10 分 4）完成搬运上下表面为圆形柱体工件的示教编程,10 分		
	4. 职业规范与实训平台"6S"管理	15 分	1）电工工具、扳手和器材摆放整齐,5 分 2）做好气动设备及气动元器件维护,5 分 3）实训平台"6S"管理,场地清理及打扫,5 分		
	自我评分＝（1～4 项总分）×40%				

2. 小组检查与评价

同小组学生在自评基础上相互检查与评价，并将评分值记录于表 3-12 中。

表 3-12　小组评价表

评价内容	配分	评分
1. 项目实施记录与客观自我评价	20 分	
2. 搬运机器人程序的设计与示教	40 分	
3. 团队协作、实践能力	20 分	
4. 安全意识、态度认真、"6S"管理	20 分	
小组评分＝（1～4 项总分）×30%		

3. 教师检查与评价

指导教师在学生自评与互评结果的基础上对其进行检查与综合评价，并将意见与评分值记录于表 3-13 中。

表 3-13　教师评价表

教师总体评价	教师评价（30 分）五级制:优秀（30～27）、良好（26～24）、中等（23～21）、及格（20～18）、不及格（18 以下）	
	评价等级及分值	
总评分＝自我评分+小组评分+教师评分		

任务反馈

项目学习情况	
心得与反思	

拓展训练

1. 写出 FANUC 工业机器人循环指令的符号，及其程序范例。
2. 简述工业机器人偏移功能指令的应用以及示例。
3. 等待指令的符号是什么？该指令在搬运机器人搬运过程中的什么时刻使用？
4. 简述搬运机器人程序的示教步骤。在示教过程中如何搭配使用 FINE 和 CNTK？
5. 编写搬运机器人程序，并使用 Offset 偏移指令优化程序。

任务四 搬运机器人程序调试与优化

任务目标

1) 能够根据工作任务要求，单独控制机器人 I/O 指令。
2) 能够根据工作任务要求，创建搬运主程序和子程序，并进行调试和优化。
3) 能够根据工作任务要求，单步、连续运行和调试搬运机器人程序。
4) 能够根据工作任务要求，自动运行和调试搬运机器人程序。

任务准备

一、搬运机器人程序优化与调试要求

根据搬运机器人搬运工艺要求调试搬运机器人程序，首先根据控制要求绘制优化搬运机器人程序流程图，然后创建搬运机器人主程序和子程序。子程序主要包括搬运机器人系统初始化子程序、取搬运工具子程序、搬运工件子程序和放置搬运工具子程序。创建子程序前要先设计好搬运机器人的运行轨迹及定义搬运机器人的程序点。

二、设计优化搬运机器人程序流程图

根据搬运机器人控制功能，设计优化搬运机器人程序的流程图，如图 3-12 所示。

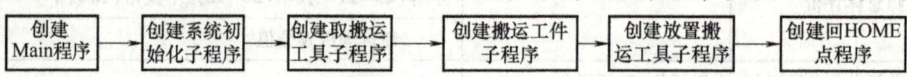

图 3-12 优化搬运机器人程序的流程图

任务分析

1. 工作计划

引导问题 1：手动操作搬运机器人进行搬运程序的单步、连续运行的步骤是什么？

_____

_____

引导问题 2：在自动运行搬运机器人的操作中，主要调用了哪些子程序？是如何调用的？

_____

_____

_____

2. 进行决策

引导问题 1：基于搬运机器人程序，分组讨论该手动操作的调试效果是否良好，以及如何优化运行轨迹。

_____

_____

_____

引导问题 2：师生讨论并确定搬运机器人主程序创建和子程序调用的方案，并确定调试步骤。

_____

_____

_____

任务实施

1）根据搬运任务要求，利用示教器单独测试搬运机器人搬运工具的手动安装及其吸附功能。

2）根据搬运工艺要求，单步、连续运行和调试搬运机器人程序。

3）根据搬运优化思路，利用主程序、子程序系统调整和优化搬运程序，并填写表3-14。

表 3-14 搬运机器人程序主程序与子程序

程序行-指令-注释

4）根据工作任务要求，自动运行和调试搬运机器人程序。

5）总结与反馈。

任务评价

1. 自我检查与评价

学生根据工作任务完成情况进行自我检查与评价，并将评分值记录于表 3-15 中。

表 3-15　学生评价表

工作任务	考核内容	配分	评分标准	得分	备注
搬运机器人程序调试与优化	1. 安全意识与规范操作	10 分	1）遵守实训室相关安全操作规范，5 分 2）具备安全用电、规范操作的意识，5 分		
	2. 搬运机器人的单步、连续调试	35 分	1）完成搬运机器人的手动单步运行，15 分 2）完成搬运机器人的手动连续运行，20 分		
	3. 搬运机器人的自动运行	40 分	1）完成搬运机器人的外部设定准备，20 分 2）完成搬运机器人的自动运行调试，20 分		
	4. 职业规范与实训平台"6S"管理	15 分	1）电工工具、扳手和器材摆放整齐，5 分 2）做好气动设备及气动元器件维护，5 分 3）实训平台"6S"管理，场地清理及打扫，5 分		
		自我评分=(1~4 项总分)×40%			

2. 小组检查与评价

同小组学生在自评基础上相互检查与评价，并将评分值记录于表 3-16 中。

表 3-16　小组评价表

评价内容	配分	评分
1. 项目实施记录与客观自我评价	20 分	
2. 搬运机器人程序的手动和自动运行	40 分	
3. 团队协作、实践能力	20 分	
4. 安全意识、态度认真、"6S"管理	20 分	
小组评分=(1~4 项总分)×30%		

3. 教师检查与评价

指导教师在学生自评与互评结果的基础上对其进行检查与综合评价，并将意见与评分值记录于表 3-17 中。

表 3-17　教师评价表

教师总体评价	教师评价(30 分)五级制：优秀(30~27)、良好(26~24)、中等(23~21)、及格(20~18)、不及格(18 以下)	
	评价等级及分值	
总评分=自我评分+小组评分+教师评分		

任务反馈

项目学习情况	
心得与反思	

拓展训练

1. 在搬运机器人程序创建中,如何设计优化搬运机器人程序的流程图?
2. 搬运机器人手动、连续运行调试之间是如何进行切换的?
3. 在搬运机器人工作站中,需要创建几个子程序?如何进行调用?
4. 在搬运机器人的整个程序运行过程中,速度是如何进行调整的?
5. 搬运机器人的程序调试与优化方法是什么?

项目四 工业机器人码垛编程与操作
PROJECT 4

知识目标

1）了解工业机器人码垛的基本概念及类型。
2）掌握码垛指令的基本功能及应用。
3）掌握工业机器人码垛应用的路径规划。
4）掌握工业机器人码垛应用的程序设计。
5）掌握工业机器人码垛程序的运行、调试和优化。

技能目标

1）能够根据工作任务和布局图要求，安装码垛机器人工作站。
2）能够根据工作任务要求，选择和应用合适的码垛工具。
3）能够根据工作任务要求，规划码垛路径。
4）能够运用 I/O 指令，控制码垛工具取、放工件。
5）能够根据码垛指令，编制码垛机器人程序。
6）能够根据工作任务要求，运行码垛机器人程序，并进行调试和优化。

素养目标

1）培养勇于奋斗、乐观向上的精神，具有自我管理能力和较强的集体意识。
2）培养协同合作的能力，多参与实训室清洁、维护保养活动，熟悉"6S"管理制度。

职业技能等级要求

工业机器人应用编程证书技能要求（初级）	
3.3.1	能够根据工作任务要求，编制搬运、码垛等工业机器人应用程序
3.3.2	能够根据工作任务要求，编制搬运、码垛等综合流程的工业机器人应用程序
3.3.3	能够根据工艺流程调整要求及程序运行结果，对搬运、码垛等工业机器人应用程序进行调整

项目描述

码垛机器人是一种通过机器人技术和自动化技术实现自动化码垛的设备。它采用控制系统和传感器技术，能够实现对不同形状、尺寸和重量的物品进行高效、准确的码垛。码垛机器人通常由工业机器人本体、控制系统、夹具和输送设备等组成，通过精确的轨迹规划和运动控制，实现对物品的抓取、搬运和码垛。码垛机器人有着相当广泛的应用，大大节省了劳动力和空间。码垛机器人运行灵活精准、快速高效、稳定性高，作业效率高。

　　本项目主要以长方体和正方体工件为例，利用工业机器人搭载码垛工具实训套件，通过示教器手动操作，编写及应用程序，实现对长方体和正方体工件的码垛功能，同时使学生掌握码垛机器人应用的特点以及码垛程序的编写，通过对码垛程序结构以及码垛流程的分析，完成码垛机器人程序的优化和调试。

平台准备

　　本项目所用平台包括表4-1中各部分。

表4-1　平台各部分的名称及外形图

名称	YL-18机器人工作台	FANUC工业机器人	快换装置模块
外形图			

名称	码垛模块	码垛工具（吸盘）	快换装置
外形图			

名称	气泵		
外形图			

任务一　码垛机器人工作站的安装与准备

任务目标

1）认识码垛机器人工作站的组成及功能。
2）认识码垛工具。
3）能够根据工作任务和布局图要求，安装码垛机器人工作站。

任务准备

一、码垛机器人工作站的组成及功能

码垛机器人工作站由工业机器人、码垛夹具和码垛模块等组成，除工业机器人外其他主要模块如图4-1所示。码垛模块由长方体和正方体工件组成，可以进行机器人堆垛和拆垛练习。码运机器人工作站的主要功能是：首先码垛工具通过快换装置安装到码垛机器人法兰盘上；然后码垛工具按照码垛运行轨迹规划，进行工件的堆垛和拆垛。工作时，在桌面上合适位置安装好码垛模块，将码垛工具放置于夹具库位内，检查设备气压是否正常。

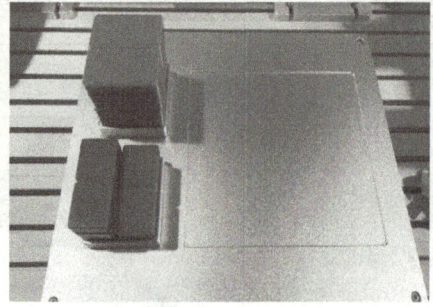

图4-1　码垛模块和码垛工具

二、码垛工具

工业机器人手爪是安装在工业机器人手腕上的一种末端执行器，用于抓取物体。以下是一些常见的手爪类型。

（1）夹爪式手爪　这种手爪通常由两个或多个夹爪组成，可以通过气动、电动或液压驱动来夹紧物体。

（2）电磁式手爪　这种手爪通过电磁力来夹紧物体，通常用于抓取金属物体。

（3）真空式手爪　这种手爪通过真空吸力来吸附物体，通常用于抓取轻质物体，如纸张、塑料等。

（4）柔性手爪　这种手爪通常由柔软的材料制成，可以适应不同形状和大小的物体。

（5）多指手爪　这种手爪模仿人类的手指，可以灵活地抓取物体，通常用于抓取不规则形状的物体。

在实际应用中，需要根据具体的应用场景和需求选择合适的手爪类型。本项目的码垛对象为长方体和正方体工件，质量比较轻，便于吸附，故选用真空式手爪——吸盘作为码垛工具。

任务分析

在了解码垛机器人工作站功能及组成的基础上，进行实物观察、记录。根据工业机器人的工艺及布局要求，进行码垛工具和码垛机器人工作站的安装与准备；同时使用示教器进行码垛机器人 HOME 点的示教。

1. 工作计划

引导问题1：了解码垛机器人工作站的组成及功能，思考如何进行码垛模块的机械安装。

_____

_____

_____

引导问题2：了解码垛机器人工作站气路，思考如何进行码垛工具的安装。

_____

_____

_____

2. 进行决策

引导问题1：分组讨论该码垛机器人工作站的安装步骤，合理分析码垛机器人的工作空间。

_____

_____

_____

引导问题2：师生讨论并确定码垛工具的安装和气路控制，设置 HOME 点。

_____

_____

_____

任务实施

1. 项目学习准备

1）根据任务要求，指导教师事先了解教学码垛机器人工作站，清点设备所需的功能模块，做好用电安全检查和测试，做好预案（观察路线、学生分组等）。

2）指导教师对操作的安全规范做出要求，并进行学生任务分配，分配表见表4-2。

表 4-2　学生任务分配表

班级		组号		指导教师	
组长		学号			
组员	姓名	学号	姓名	学号	姓名	学号
任务分工						

2. 认识码垛机器人工作站的功能及组成

通过课堂学习，认识工业机器人本体、码垛工具及码垛模块，观察并记录安装布局位置。

3. 对码垛机器人工作站进行硬件搭建

根据实训室安全操作规范，进行码垛机器人工作站的硬件搭建，其步骤如下：

1）打开模块存放柜，找到码垛模块套件、快换装置以及内六角扳手。

2）把码垛模块套件放置在桌面上，选择合适的螺钉，把码垛模块套件安装在码垛机器人工作空间的合理位置。

3）安装码垛工具：首先把码垛工具与码垛机器人的快换装置安装在码垛机器人六轴法兰盘上，然后把码垛工具安装在另一个快换装置上，连接气路。

4）将码垛工具放置于夹具架上，完成硬件布局。

4. 对码垛机器人进行 HOME 点示教和气路测试

将对码垛机器人进行 HOME 点示教和气路测试的步骤填在表 4-3 中。

表 4-3　码垛机器人 HOME 点示教和气路测试

序号	HOME 点示教步骤	气路测试步骤
1		
2		
3		
4		
5		

5. 实训总结

学生分组，每个人讲述所安装码垛机器人工作站、示教码垛机器人 HOME 点、安装码垛工具和手动控制气路的步骤。要求做到能讲出主要工作过程、遇到的问题及解决方法，再交换角色，重复进行。

任务评价

1. 自我检查与评价

学生根据工作任务完成情况进行自我检查与评价，并将评分值记录于表 4-4 中。

表 4-4　学生评价表

工作任务	考核内容	配分	评分标准	得分	备注
码垛机器人工作站的安装与准备	1. 安全意识与规范操作	10 分	1) 遵守实训室相关安全操作规范，5 分 2) 具备安全用电、规范操作的意识，5 分		
	2. 码垛机器人工作站的安装与准备	35 分	1) 完成码垛工作站准备与安装，15 分 2) 完成码垛机器人快换装置的安装，20 分		
	3. 码垛工具的安装与测试	40 分	1) 完成码垛机器人 HOME 点示教，10 分 2) 完成码垛工具的安装，10 分 3) 完成码垛工具的气路测试，20 分		
	4. 职业规范与实训平台"6S"管理	15 分	1) 电工工具、扳手和器材摆放整齐，5 分 2) 做好气动设备及气动元器件维护，5 分 3) 实训平台"6S"管理，场地清理及打扫，5 分		
			自我评分＝(1～4 项总分)×40%		

2. 小组检查与评价

同小组学生在自评基础上相互检查与评价，并将评分值记录于表 4-5 中。

表 4-5　小组评价表

评价内容	配分	评分
1. 项目实施记录与客观自我评价	20 分	
2. 码垛机器人工作站准备和安装	40 分	
3. 团队协作、实践能力	20 分	
4. 安全意识、态度认真、"6S"管理	20 分	
小组评分＝(1～4 项总分)×30%		

3. 教师检查与评价

指导教师在学生自评与互评结果的基础上对其进行检查与综合评价，并将意见与评分值记录于表 4-6 中。

表 4-6　教师评价表

教师总体评价		教师评价(30 分)五级制：优秀(30～27)、良好(26～24)、中等(23～21)、及格(20～18)、不及格(18 以下)	
		评价等级及分值	
总评分＝自我评分+小组评分+教师评分			

任务反馈

项目学习情况	
心得与反思	

拓展训练

1. 码垛机器人主要应用在哪些行业及领域？具有什么特点？
2. 简述码垛机器人工作站的组成及功能。
3. 工业机器人的码垛工具具有哪些手爪类型可以配合使用？
4. 码垛机器人的工作对象是否需要是规则布置？说明理由。
5. 简述码垛机器人工作站的安装过程、安装过程遇到的问题及解决方法。

任务二 码垛堆积类型及码垛流程设计

任务目标

1）认识码垛堆积的定义及类型。
2）掌握工业机器人码垛堆积指令及其应用。
3）能够根据工作任务要求，完成码垛指令的创建和工业机器人码垛流程设计。

任务准备

一、码垛堆积的定义及类型

所谓码垛堆积，是指一种功能，它只需要对几个具有代表性的点位进行示教，即可从下层到上层按照顺序堆上工件。码垛堆积由堆上式样和经路式样两部分构成，如图4-2所示。

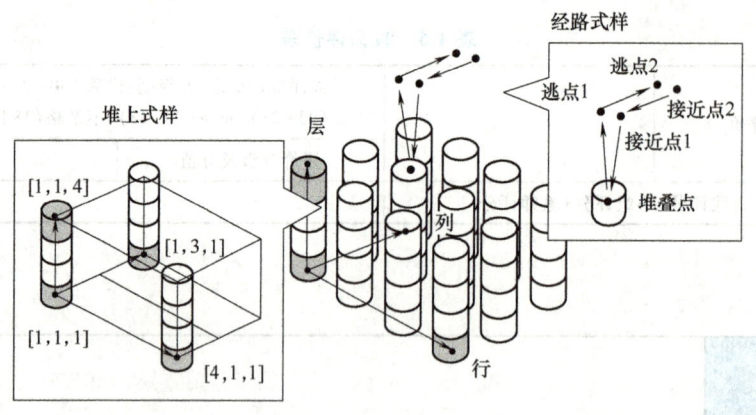

图4-2 码垛堆积的结构

码垛堆积有 B、E、BX 以及 EX 四种类型。如图4-3所示，所有工件的姿势一定、堆上时的底面形状为直线或者平行四边形的情形下可采用码垛堆积类型 B；如图4-4所示，码垛

 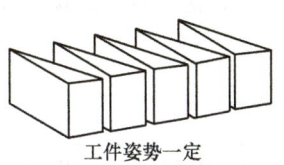

四边形　　　　　工件姿势一定

图 4-3　码垛堆积类型 B 示意图

 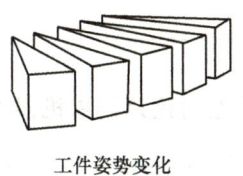

非四边形　　　　工件姿势变化

图 4-4　码垛堆积类型 E 示意图

堆积类型 E 适用于堆上式样更为复杂的情形，如改变工件姿势、堆上时的底面形状不是平行四边形等情形；如图 4-5 所示，采用码垛堆积类型 BX、EX，可以设定多个经路式样。码垛堆积类型 B、E 只能设定一个经路式样。

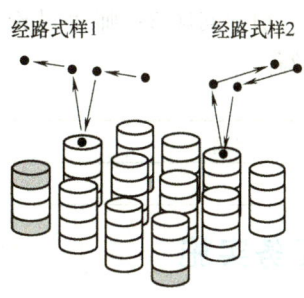

图 4-5　码垛堆积类型 BX 和 EX 示意图

二、工业机器人码垛堆积功能及指令

码垛堆积指令基于码垛寄存器的值，根据堆上式样计算当前的堆上点位置，并根据经路式样计算当前的路线，改写码垛堆积动作指令的位置数据。码垛堆积指令的格式如图 4-6 所示。

码垛堆积动作指令是以具有接近点、堆叠点、逃点的经路点作为位置数据的动作指令，是码垛堆积专用的动作指令。这些位置数据通过码垛堆积指令每次都被改写。码垛堆积动作指令的格式如图 4-7 所示。

```
PALLETIZING[式样]_i
         │         └──码垛堆积号码(1～16)
         └─ B,BX,E,EX
```

图 4-6　码垛堆积指令的格式

```
J   PAL_i[A__1]  100%  FINE
    │             │
    码垛堆积号码    经路点
    (1～16)        A_n: 接近点(1～8)
                   BTM: 堆叠点
                   R_n: 逃点(1～8)
```

图 4-7　码垛堆积动作指令的格式

码垛堆积结束指令是指计算下一个堆上点，改写码垛寄存器的值的指令，其格式如图 4-8 所示。

```
PALLETIZING-END_i
                └──码垛堆积号码(1～16)
```

图 4-8　码垛堆积结束指令的格式

任务分析

在完成码垛机器人工作站的搭建和 HOME 点的示教的基础上，根据工作任务要求，训练码垛程序指令，并设计码垛机器人的码垛流程。

1. 工作计划

引导问题1：了解工业机器人码垛堆积类型，思考本项目应选择哪种类型进行码垛。

_____

_____

引导问题2：了解工业机器人码垛堆积功能及指令，并解释具体码垛指令的含义。

_____

_____

2. 进行决策

引导问题1：分组讨论该码垛机器人码垛程序的实现步骤，并绘制码垛流程图。

_____

_____

引导问题2：师生讨论码垛机器人的码垛流程，并利用示教器进行码垛功能程序的编写。

_____

_____

任务实施

1. 码垛指令操作训练

利用示教器进行表4-7中码垛指令的训练。

表4-7 部分码垛程序

程序行	程序指令	注释
1	PALLETIZING-B_3	建立码垛堆积指令
2	J PAL_3[A_2] 50% CNT30	快速移动到工件上方
3	L PAL_3[A_1] 100mm/sec CNT30	移动到工件上方
4	L PAL_3[BTM] 100mm/sec FINE	移动到抓取工件的位置
5	HAND1 OPEN	手爪夹紧
6	L PAL_3[R_1] 100mm/sec CNT50	移动到工件上方

2. 码垛机器人码垛流程设计

根据工作任务要求，码垛机器人的码垛流程如下：

1）码垛机器人处于安全点。
2）码垛机器人移动到工件上方。
3）码垛机器人移动到抓取工件位置。
4）码垛机器人抓取工件。

5)码垛机器人回到安全点。
6)码垛机器人移动到码垛盘上方。
7)码垛机器人移动到放置工件的位置。
8)码垛机器人放置工件。
9)码垛机器人回到码垛盘上方。
10)码垛机器人回到安全点。

绘制码垛流程图:

任务评价

1. 自我检查与评价

学生根据工作任务完成情况进行自我检查与评价,并将评分值记录于表4-8中。

表4-8 学生评价表

工作任务	考核内容	配分	评分标准	得分	备注
码垛堆积类型及码垛流程设计	1. 安全意识与规范操作	10分	1)遵守实训室相关安全操作规范,5分 2)具备安全用电、规范操作的意识,5分		
	2. 码垛机器人的码垛指令控制调试	35分	1)完成码垛机器人的码垛指令编辑,15分 2)完成码垛机器人的码垛指令调试,20分		
	3. 码垛机器人的码垛流程设计	40分	1)完成码垛机器人拾取码垛工具的流程设计,20分 2)完成码垛机器人拾取、放置工件的流程设计,20分		
	4. 职业规范与实训平台"6S"管理	15分	1)电工工具、扳手和器材摆放整齐,5分 2)做好气动设备及气动元器件维护,5分 3)实训平台"6S"管理,场地清理及打扫,5分		
	自我评分=(1~4项总分)×40%				

2. 小组检查与评价

同小组学生在自评基础上相互检查与评价,并将评分值记录于表4-9中。

表 4-9　小组评价表

评价内容	配分	评分
1. 项目实施记录与客观自我评价	20 分	
2. 码垛机器人码垛指令的应用情况	40 分	
3. 团队协作、实践能力	20 分	
4. 安全意识、态度认真、"6S" 管理	20 分	
小组评分 =（1~4 项总分）×30%		

3. 教师检查与评价

指导教师在学生自评与互评结果的基础上对其进行检查与综合评价，并将意见与评分值记录于表 4-10 中。

表 4-10　教师评价表

教师总体评价		教师评价（30 分）五级制：优秀（30~27）、良好（26~24）、中等（23~21）、及格（20~18）、不及格（18 以下）
		评价等级及分值
总评分 = 自我评分 + 小组评分 + 教师评分		

任务反馈

项目学习情况	
心得与反思	

拓展训练

1. 简述工业机器人码垛堆积的定义及类型。
2. 若要完成 4 行 4 列 4 层工件的码垛，如何建立和设定码垛堆积类型 B 的指令？
3. 码垛堆积指令的式样，有哪几种类型？
4. 书写码垛机器人的码垛功能程序，并简述在示教器中的创建过程。

任务三　码垛机器人示教编程

任务目标

1）熟练掌握码垛堆积指令的应用。

2）能够根据工作任务要求，运用机器人 I/O 和数字 I/O，编写控制程序。

3）能够根据工作任务要求，完成码垛机器人程序的创建与示教。

任务准备

涉及的工业机器人运动指令及 I/O 指令如下。

1）L 线性运动指令。

2）J 关节运动指令。

3）C 圆弧运动指令。

4）RO[1] = ON/OFF。

5）DO[115] = ON/OFF。

6）CALL 指令。

7）WAIT 指令。

8）FOR 指令。

9）PALLETIZING-B_1：码垛堆积指令。

任务分析

在了解工业机器人运动指令、I/O 接口以及基本程序示教编程的基础上，编写码垛机器人程序，并进行示教。

1. 工作计划

引导问题1：码垛机器人用到哪些运动指令？码垛中如何选择堆积类型？码垛模块和工业机器人如图4-9所示。

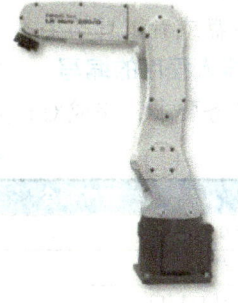

图 4-9　码垛模块和工业机器人

引导问题2：应用码垛工具时，如何标定码垛工具坐标系和工件坐标系？

2. 进行决策

引导问题1：分组讨论该码垛机器人的码垛过程，并记录码垛程序中用到的指令及示教步骤。

_____
_____
_____

引导问题2：师生讨论并确定码垛机器人的码垛轨迹、码垛思路和编辑方法。

_____
_____
_____

码垛机器人示教码垛程序为：

_____
_____
_____

任务实施

1. 码垛机器人工作站的准备

码垛机器人工作站由6轴工业机器人、码垛工具和码垛模块等组成。工业机器人需要完成长方体、正方体工件的码垛路径；将码垛模块安装于设备的合适位置；将码垛工具安装于工业机器人法兰盘或者工具架上。

2. 码垛机器人程序的编写

根据工作任务要求，完成对长方体、正方体工件的码垛的程序设计。程序见表4-11。

表4-11 码垛机器人程序

程序行	程序指令	注释
1	R[5]=0	计数器5清零
2	PL[1]=[1,1,1]	码垛计数器1复位
3	PL[2]=[1,1,1]	码垛计数器2复位
4	R[6]=0	计数器6清零
5	PL[3]=[1,1,1]	码垛计数器3复位
6	PL[4]=[1,1,1]	码垛计数器3复位
7	FOR R[5]=0 TO 9	循环10次，堆垛长方体工件
8	PALLETIZING-B_1	码垛堆积指令1,吸附长方体工件
9	J PAL_1[A_1] 10% FINE	到达安全点位
10	J PAL_1[BTM] 10% FINE	到达吸附点位
11	DO[115]=ON	吸盘吸附
12	WAIT 1.00(sec)	等待1s
13	J PAL_1[R_1] 10% FINE	抬起移至安全点位
14	PALLETIZING-END_1	码垛堆积指令1结束

(续)

程序行	程序指令	注释
15	PALLETIZING-B_2	码垛堆积指令2,堆垛长方体工件
16	J PAL_2[A_1] 30% FINE	到达安全点位
17	J PAL_2[BTM] 30% FINE	到达放置点位
18	DO[115]=OFF	吸盘放气
19	WAIT 1.00(sec)	等待1s
20	J PAL_2[R_1] 30% FINE	抬起移至安全点位
21	PALLETIZING-END_2	码垛堆积指令2结束
22	END FOR	循环结束
23	FOR R[6]=0 TO 9	循环10次,堆垛正方体工件
24	PALLETIZING-B_3	码垛堆积指令3,吸附正方体工件
25	J PAL_3[A_1] 30% FINE	到达安全点位
26	J PAL_3[BTM] 30% FINE	到达吸附点位
27	DO[115]=ON	吸盘吸附
28	WAIT 1.00(sec)	等待1s
29	J PAL_3[R_1] 30% FINE	抬起移至安全点位
30	PALLETIZING-END_3	码垛堆积指令3结束
31	PALLETIZING-B_4	码垛堆积指令4,堆垛正方体工件
32	J PAL_4[A_1] 30% FINE	到达安全点位
33	J PAL_4[BTM] 30% FINE	到达放置点位
34	DO[115]=OFF	吸盘放气
35	WAIT 1.00(sec)	等待1s
36	J PAL_4[R_1] 30% FINE	抬起移至安全点位
37	PALLETIZING-END_4	码垛堆积指令4结束
38	END FOR	循环结束

3. 利用示教器创建码垛机器人程序

略。

任务评价

1. 自我检查与评价

学生根据工作任务完成情况进行自我检查与评价,并将评分值记录于表4-12中。

表4-12 学生评价表

工作任务	考核内容	配分	评分标准	得分	备注
码垛机器人示教编程	1. 安全意识与规范操作	10分	1)遵守实训室相关安全操作规范,5分 2)具备安全用电、规范操作的意识,5分		
	2. 码垛模块中工件的码垛程序设计	35分	1)完成码垛长方体工件的程序设计,17分 2)完成码垛正方体工件的程序设计,18分		
	3. 码垛模块中工件的码垛程序示教	40分	1)完成码垛长方体工件的示教编程与调试,20分 2)完成码垛正方体工件的示教编程与调试,20分		

(续)

工作任务	考核内容	配分	评分标准	得分	备注
码垛机器人示教编程	4. 职业规范与实训平台"6S"管理	15分	1）电工工具、扳手和器材摆放整齐，5分 2）做好气动设备及气动元器件维护，5分 3）实训平台"6S"管理，场地清理及打扫，5分		
	自我评分 =（1～4项总分）×40%				

2. 小组检查与评价

同小组学生在自评基础上相互检查与评价，并将评分值记录于表4-13中。

表4-13 小组评价表

评价内容	配分	评分
1. 项目实施记录与客观自我评价	20分	
2. 码垛程序设计与示教	40分	
3. 团队协作、实践能力	20分	
4. 安全意识、态度认真、"6S"管理	20分	
小组评分 =（1～4项总分）×30%		

3. 教师检查与评价

指导教师在学生自评与互评结果的基础上对其进行检查与综合评价，并将意见与评分值记录于表4-14中。

表4-14 教师评价表

教师总体评价		教师评价（30分）五级制：优秀（30～27）、良好（26～24）、中等（23～21）、及格（20～18）、不及格（18以下）	
		评价等级及分值	
总评分 = 自我评分 + 小组评分 + 教师评分			

任务反馈

项目学习情况	
心得与反思	

拓展训练

1. 简述FANUC工业机器人码垛堆积指令的应用及设置方法。

2. 码垛机器人程序设计中设置了几个计数器？计数器如何进行清零？
3. 根据任务要求，编写并在示教器中创建正方体工件的码垛程序。

任务四　码垛机器人程序调试与优化

任务目标

1）能够根据工作任务要求，单独控制机器人 I/O 指令。
2）能够根据工作任务要求，创建码垛机器人主程序和子程序，并进行调试和优化。
3）能够根据工作任务要求，单步、连续运行和调试码垛机器人程序。
4）能够根据工作任务要求，自动运行和调试码垛机器人程序。

任务准备

一、码垛机器人程序优化与调试要求

根据码垛工艺要求调试码垛机器人程序，首先根据控制要求绘制优化码垛机器人程序流程图，然后创建码垛机器人主程序和子程序。子程序主要包括码垛机器人系统初始化子程序、取码垛工具子程序、码垛子程序，放置码垛工具子程序。创建子程序前要先设计好码垛机器人的运行轨迹，并定义好码垛机器人的程序点。

二、设计优化码垛机器人程序的流程图

根据码垛机器人控制功能，设计优化码垛机器人程序的流程图，如图 4-10 所示。

图 4-10　优化码垛机器人程序的流程图

任务分析

1. 工作计划

引导问题 1：手动操作码垛机器人进行码垛程序单步、连续运行的步骤是什么？

引导问题 2：在自动运行码垛机器人的操作中，主要调用了哪些子程序？是如何进行调用的？

2. 进行决策

引导问题1：基于码垛机器人程序，分组讨论该手动操作的调试效果是否良好，及如何优化运行轨迹。

_____
_____
_____

引导问题2：师生讨论并确定码垛机器人主程序创建和子程序调用的方案，以及调试步骤。

_____
_____
_____

任务实施

1）根据码垛任务要求，利用示教器单独测试码垛工具的安装及其吸附功能。
2）根据码垛工艺要求，单步、连续运行和调试码垛机器人程序。
3）根据码垛优化思路，利用主程序、子程序系统调整和优化码垛程序，并填写表4-15。

表4-15 码垛机器人程序的主程序与子程序

程序行-指令-注释

4）根据工作任务要求，自动运行和调试码垛机器人程序。
5）总结与反馈。

任务评价

1. 自我检查与评价

学生根据工作任务完成情况进行自我检查与评价,并将评分值记录于表4-16中。

表4-16 学生评价表

工作任务	考核内容	配分	评分标准	得分	备注
码垛机器人程序调试与优化	1. 安全意识与规范操作	10分	1)遵守实训室相关安全操作规范,5分 2)具备安全用电、规范操作的意识,5分		
	2. 码垛机器人的单步、连续调试	35分	1)完成码垛机器人的手动单步调试,15分 2)完成码垛机器人的连续运行调试,20分		
	3. 码垛机器人的自动运行	40分	1)完成码垛机器人的自动运行前的准备动作,20分 2)完成码垛机器人的自动运行调试,20分		
	4. 职业规范与实训平台"6S"管理	15分	1)电工工具、扳手和器材摆放整齐,5分 2)做好气动设备及气动元器件维护,5分 3)实训平台"6S"管理,场地清理及打扫,5分		
		自我评分=(1~4项总分)×40%			

2. 小组检查与评价

同小组学生在自评基础上相互检查与评价,并将评分值记录于表4-17中。

表4-17 小组评价表

评价内容	配分	评分
1. 项目实施记录与客观自我评价	20分	
2. 码垛机器人的手动单步、连续运行和自动运行情况	40分	
3. 团队协作、实践能力	20分	
4. 安全意识、态度认真、"6S"管理	20分	
小组评分=(1~4项总分)×30%		

3. 教师检查与评价

指导教师在学生自评与互评结果的基础上对其进行检查与综合评价,并将意见与评分值记录于表4-18中。

表4-18 教师评价表

教师总体评价	教师评价(30分)五级制:优秀(30~27)、良好(26~24)、中等(23~21)、及格(20~18)、不及格(18以下)	
	评价等级及分值	
总评分=自我评分+小组评分+教师评分		

工业机器人现场编程与操作

任务反馈

项目学习情况	
心得与反思	

拓展训练

1. 在码垛机器人程序创建中，如何设计优化码垛机器人程序的流程图？
2. 码垛机器人手动、连续运行调试之间是如何进行切换的？
3. 在码垛机器人工作站中，需要创建几个子程序？如何进行调用？
4. 在码垛机器人的整个程序运行过程中，速度是如何进行调整的？
5. 码垛机器人的程序调试与优化方法是什么？

项目五 带外部轴焊接机器人工作站编程与操作
PROJECT 5

知识目标

1) 了解焊接机器人的基本概念及类型。
2) 了解焊接机器人的工具和设备。
3) 掌握焊接指令的基本功能及应用。
4) 掌握工具坐标系的标定及验证方法。
5) 掌握焊接机器人的程序设计。
6) 掌握焊接机器人程序的运行、调试和优化。

技能目标

1) 能够根据工作任务和布局图要求,安装带外部轴的焊接机器人工作站。
2) 能够根据工作任务要求,完成焊接工具坐标系的标定与验证。
3) 能够根据工作任务要求,完成带外部轴的焊接模块的安装与测试。
4) 能够根据工作任务要求,创建焊接程序。
5) 能够根据工作任务要求,运行焊接机器人程序,并进行调试和优化。

素养目标

1) 培养工匠精神,遵守职业规范,增强安全意识和环保意识。
2) 培养协同合作能力,多参与实训室清洁、维护保养活动,熟悉"6S"管理制度。

职业技能等级要求

工业机器人应用编程证书技能要求(初级)	
1.2.2	能够根据操作手册,创建工具坐标系,并使用四点法、六点法等方法进行工具坐标系标定
2.1.3	能够根据工作任务要求,选择和使用手爪、吸盘、焊枪等末端操作器
3.1.1	能够使用示教器创建程序,对程序进行复制、粘贴、重命名等编辑操作
3.1.2	能够根据工作任务要求使用直线、圆弧、关节等运动指令进行示教编程
3.1.3	能够根据工作任务要求修改直线、圆弧、关节等运动指令参数和程序

项目描述

焊接机器人是从事焊接的工业机器人。在工业生产中，焊接机器人常用于汽车制造、航空航天、电子电器等领域，其可以实现高效率、高质量的焊接作业，减轻工人的劳动强度，提高生产效率和产品质量。

本项目主要以带外部轴的焊接模块为例，利用工业机器人搭载模拟焊接工具实训套件，通过示教器手动操作，编写焊接程序，模拟工业机器人焊接工作站夹具的设定，实现工件焊接路径的规划，同时通过单步、连续运行，完成焊接机器人的单步、连续运行并调试，最终实现自动运行。

平台准备

本项目所用平台包括表 5-1 中各部分。

表 5-1 平台各部分的名称及外形图

名称	YL-18 机器人工作台	FANUC 工业机器人	快换装置模块
外形图			

名称	带外部轴焊接模块	焊接工具（焊枪）	快换模块
外形图			

名称	气泵		
外形图			

任务一 带外部轴焊接机器人工作站的安装与准备

任务目标

1）认识焊接机器人工作站。
2）认识焊接工具。
3）能够根据工作任务和布局图要求，安装焊接机器人工作站。

任务准备

一、焊接机器人

焊接机器人是从事焊接的工业机器人，它由工业机器人和焊接设备两部分组成。工业机器人由工业机器人本体和控制柜中的硬件和软件组成；焊接装备，就以弧焊及点焊为例，如图 5-1 和图 5-2 所示，由焊接电源、控制系统、送丝机（弧焊）、焊枪（钳）等组成。对于智能焊接机器人而言还配有传感系统，如激光、摄像传感器、控制装置等。

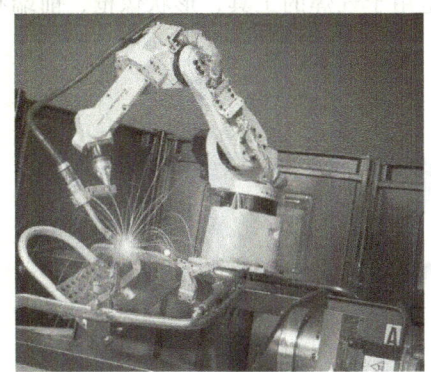

图 5-1 弧焊机器人

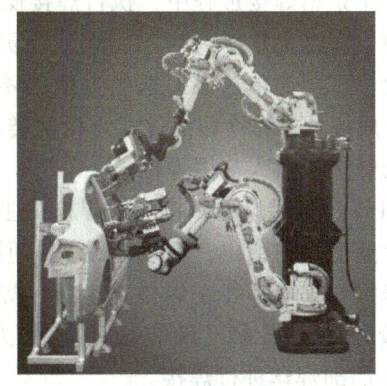

图 5-2 点焊机器人

焊接机器人的工作是通过控制系统和焊接设备的协作完成的。控制系统包括计算机、编程设备和感应设备，用于控制焊接机器人的运动轨迹、速度和力度等。焊接设备包括焊接电源、电极、焊丝等，负责将电能转换为焊接热能，并将焊接材料与被焊接材料熔接在一起。焊接机器人的动作由六个轴来完成，分别是旋转轴（S 轴）、下臂（L 轴）、上臂（U 轴）、手臂旋转轴（R 轴）、手腕摆动轴（B 轴）和手腕回转轴（T 轴）。通过这些轴的协作，焊接机器人可以完成复杂的三维运动。控制系统将运动轨迹等信息传输给焊接机器人，焊接机器人根据这些信息进行相应的动作，将焊接设备移动到被焊接材料的位置，完成焊接任务。

二、带外部轴焊接机器人工作站的组成及功能

带外部轴焊接机器人工作站采用铝材加工而成,包含工业机器人、焊接工具和焊接模块等,焊接模块和焊枪如图5-3所示。焊接模块主要包含一台伺服电动机、变位机、支架、翻转机构、夹具等。工作时由可编程控制器(PLC)通过脉冲信号控制伺服驱动器对伺服电动机进行驱动,电动机运行带动翻转机构进行翻转,模拟工业机器人弧焊典型应用中的带变位机的复杂工件焊接。工作时,注意将焊接模块安装在桌面上合适位置,将焊接工具放置于夹具库位内,并检查设备气压是否正常。

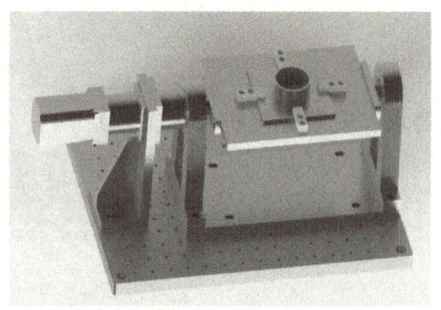

图5-3 焊接模块和焊枪

三、焊接工具

焊枪是指焊接过程中,执行焊接操作的部分,是用于气焊的工具,形状像枪,前端有喷嘴,喷出高温火焰作为热源。它使用灵活,方便快捷,工艺简单。根据送丝方式的不同,焊枪可分成拉丝式焊枪和推丝式焊枪两类。图5-4所示为焊接机器人常用焊枪。

(1)拉丝式焊枪 拉丝式焊枪的主要特点是送丝速度均匀稳定,活动范围大,但是由于送丝机构和焊丝都装在焊枪上,所以焊枪的结构比较复杂、笨重,只能使用直径为0.5~0.8mm的细焊丝进行焊接。

(2)推丝式焊枪 推丝式焊枪结构简单,操作灵活,但焊丝经过软管时受较大的摩擦阻力,只能采用直径为1mm以上的焊丝进行焊接。推丝式焊枪按形状不同,可分为鹅颈式焊枪和手枪式焊枪两种。

图5-4 焊接机器人常用焊枪

任务分析

在了解焊接机器人工作站组成及功能的基础上,进行实物观察、记录。根据工业机器人的工艺及布局要求,进行焊接工具和焊接机器人工作站的安装与准备;同时使用示教器进行焊接机器人HOME点的示教。

1. 工作计划

引导问题1：了解焊接机器人工作站的组成及功能，思考如何进行焊接模块的机械安装。

_____
_____
_____

引导问题2：了解工业机器人焊接工艺，思考如何安装焊接工具。

_____
_____
_____

2. 进行决策

引导问题1：分组讨论该焊接机器人工作站的安装步骤，合理分析焊接机器人的工作空间。

_____
_____
_____

引导问题2：师生讨论并确定焊接机器人焊接工具的安装步骤和焊接工艺，设置HOME点。

_____
_____
_____

任务实施

1. 项目学习准备

1）根据任务要求，指导教师事先了解教学焊接机器人工作站，清点设备所需的功能模块，做好用电安全检查和测试，做好预案（观察路线、学生分组等）。

2）指导教师对操作的安全规范做出要求，并进行学生任务分配，分配表见表5-2。

表5-2 学生任务分配表

班级		组号			指导教师	
组长		学号				
组员	姓名	学号	姓名	学号	姓名	学号
任务分工						

2. 认识焊接机器人工作站的组成及功能

通过课堂学习，认识工业机器人本体、焊接工具及焊接模块，观察记录安装布局位置。

3. 对焊接机器人工作站进行硬件搭建

根据实训室安全操作规范,进行焊接机器人工作站的硬件搭建,其步骤如下:

1)打开模块存放柜,找到焊接模块套件、快换装置以及内六角扳手。

2)把焊接模块套件放置在桌面上,选择合适的螺钉,把焊接模块套件安装至焊接机器人工作空间的合理位置。

3)安装焊接工具:首先把焊接工具与焊接机器人的快换装置安装至焊接机器人六轴法兰盘上,再把焊接工具安装至另一个快换装置上,连接气路。

4)将焊接工具放置于夹具架上,完成硬件布局。

4. 对焊接机器人进行 HOME 点示教和模拟焊接工作空间极限测试

将对焊接机器人 HOME 点示教和模拟焊接工作空间极限测试的步骤填入表 5-3。

表 5-3 焊接机器人 HOME 点示教和模拟焊接工作空间极限测试

序号	HOME 点示教步骤	模拟焊接工作空间极限测试步骤
1		
2		
3		
4		
5		

5. 实训总结

学生分组,每个人讲述所安装焊接机器人工作站、HOME 点示教、安装焊接工具和测试工作空间极限位置的步骤。要求做到能讲出主要工作过程、遇到的问题及解决方法,再交换角色,重复进行。

任务评价

1. 自我检查与评价

学生根据工作任务完成情况进行自我检查与评价,并将评分值记录于表 5-4 中。

表 5-4 学生评价表

工作任务	考核内容	配分	评分标准	得分	备注
带外部轴焊接机器人工作站的安装与准备	1. 安全意识与规范操作	10 分	1)遵守实训室相关安全操作规范,5 分 2)具备安全用电、规范操作的意识,5 分		
	2. 焊接机器人工作站的安装与准备	35 分	1)正确认识焊接机器人工作站,15 分 2)完成焊接机器人工作站的安装,20 分		
	3. 焊接工具的安装与测试	40 分	1)完成焊接工具的安装,20 分 2)完成焊接工具极限位置的测试,20 分		
	4. 职业规范与实训平台"6S"管理	15 分	1)电工工具、扳手和器材摆放整齐,5 分 2)做好气动设备及气动元器件维护,5 分 3)实训平台"6S"管理,场地清理及打扫,5 分		
自我评分=(1~4 项总分)×40%					

2. 小组检查与评价

同小组学生在自评基础上相互检查与评价,并将评分值记录于表5-5中。

表5-5 小组评价表

评价内容	配分	评分
1. 项目实施记录与客观自我评价	20分	
2. 焊接机器人工作站准备和安装	40分	
3. 团队协作、实践能力	20分	
4. 安全意识、态度认真、"6S"管理	20分	
小组评分=(1~4项总分)×30%		

3. 教师检查与评价

指导教师在学生自评与互评结果的基础上对其进行检查与综合评价,并将意见与评分值记录于表5-6中。

表5-6 教师评价表

教师总体评价		教师评价(30分)五级制:优秀(30~27)、良好(26~24)、中等(23~21)、及格(20~18)、不及格(18以下)
		评价等级及分值
总评分=自我评分+小组评分+教师评分		

任务反馈

项目学习情况	
心得与反思	

拓展训练

1. 焊接机器人主要应用在哪些行业及领域?具有什么特点?
2. 简述焊接机器人工作站的组成及功能。
3. 焊接机器人工作站具有哪些焊接工具可以配合使用?
4. 焊接机器人工作站的焊接对象是否需要规则布置?说明理由。
5. 简述焊接机器人工作站安装的过程、安装过程遇到的问题及解决方法。

任务二　带外部轴的焊接模块的安装与测试

任务目标

1）了解带外部轴的焊接机器人的特点。
2）了解焊接机器人的外部轴类型。
3）能够根据工作任务要求，进行带外部轴的焊接模块的安装与测试。

任务准备

一、带外部轴的焊接机器人

　　焊接机器人通过增加外部轴可以提高焊接作业的灵活性和精确性，常见的焊接机器人外部轴有焊接变位机、轨道行走系统、视觉跟踪装置、清枪站等，这些外部轴可以和焊接机器人进行搭配来完成日常工作。

　　焊接机器人在工作中能够提高焊接效率，帮助稳定焊接质量，但单独的焊接机器人在生产线中作用有限。增加外部轴可以提高它的灵活性，焊接变位机可以翻转工件，以提高焊接灵活度；轨道行走系统可以扩大焊接范围；视觉跟踪装置可以实时跟踪焊缝位置，提高焊接精度；清枪站在工作中可以自动清理焊枪里的焊渣并进行剪丝喷油，提高生产效率。

二、焊接机器人的外部轴类型

　　（1）焊接变位机　焊接变位机有很多种类型，常见的焊接变位机有单轴焊接变位机、双轴焊接变位机、三轴焊接变位机等。根据型号不同，焊接变位机可以应用到不同领域。焊接机器人和焊接变位机协调运动，当焊接机器人完成一面圆弧的焊接后，焊接变位机自动翻转到另外一面圆弧进行焊接作业。

　　（2）轨道行走系统　轨道行走系统也是焊接机器人常见的外部轴，焊接机器人的行走轨道通常是在它本身行程不够的情况下加装的，让焊接机器人在设定的轨道上行走。轨道行走系统通常用于大型工件的焊接工作，已应用到汽车制造、机械制造、大型箱体等领域。

　　（3）视觉跟踪装置　焊接机器人加装视觉跟踪可以提高焊接精度，焊缝跟踪功能多数是配合焊接机器人的电弧传感器进行工作的，可以检测出焊缝的位置，边检测边焊接，稳定焊接的精确度。

　　（4）清枪站　清枪站可以自动清理焊接机器人焊枪内的飞溅物，确保气体畅通无阻，有效地阻隔空气进入焊接区域，清枪站可以对焊枪完成清枪、喷油、剪丝一体化操作，提高了焊接效率，确保了焊枪的清洁。

为了能更好地模拟焊接作业，本项目选用焊接变位机作为外部轴，通过协调作业，当焊接机器人在完成焊接件的一面圆弧后，焊接变位机自动翻转到另外一面圆弧进行焊接作业。

任务分析

在了解带外部轴的焊接机器人的特点、外部轴类型的基础上，进行外部轴模块的学习，并根据工作任务要求，进行带外部轴的焊接模块的安装与测试。

1. 工作计划

引导问题1：简述焊接机器人外部轴模块的组成、特性及其动力源部件。

引导问题2：如何控制焊接机器人外部轴？可以编写外部轴的哪些控制功能来配合焊接机器人的作业？

2. 进行决策

引导问题1：分组讨论与分析焊接机器人外部轴的安装和调试步骤。

引导问题2：师生讨论并确定焊接机器人的焊接模块的伺服控制测试方法。

任务实施

1. 焊接模块的安装与拆卸

焊接模块的安装主要包括两个部分，即机械安装和电路安装，操作步骤如下；拆卸的操作步骤则反之。

1）利用内六角扳手和螺钉旋具安装伺服电动机、变位机支架、翻转机构、夹具等部件。

2）进行伺服电动机的驱动线、电源线和编码器的安装与测试，尤其是伺服电动机驱动器的脉冲控制、方向控制等信号线的连接。

3）工作时，由PLC通过脉冲信号控制伺服驱动器对伺服电动机进行驱动，电动机运行带动翻转机构进行翻转测试。

2. 焊接模块伺服控制测试

焊接模块伺服控制主要包括正向寻原点、点动正转、点动反转、暂停以及绝对位置设定。绝对位置包括水平位置一号位置，以及向前倾斜 30°和向后倾斜 30°的二号位置和三号位置，界面如图 5-5 所示。安装焊接模块后，可以配合人机界面（HMI）进行伺服控制测试，同时也可以通过焊接机器人示教器上的 DO［164］、DO［165］、DO［166］三个数字输出信号进行这三个位置的测试，如图 5-6 所示。

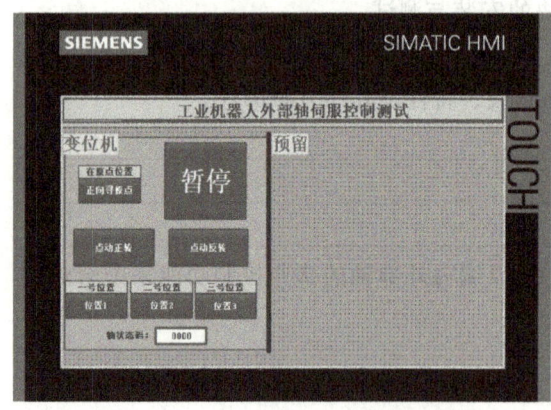

图 5-5　焊接模块伺服控制测试界面　　　图 5-6　焊接模块伺服控制机器人界面

任务评价

1. 自我检查与评价

学生根据工作任务完成情况进行自我检查与评价，并将评分值记录于表 5-7 中。

表 5-7　学生评价表

工作任务	考核内容	配分	评分标准	得分	备注
带外部轴的焊接模块的安装与测试	1. 安全意识与规范操作	10 分	1）遵守实训室相关安全操作规范，5 分 2）具备安全用电、规范操作的意识，5 分		
	2. 焊接机器人的焊接模块的安装与拆卸	35 分	1）完成焊接机器人焊接模块的安装操作，15 分 2）完成焊接机器人焊接模块的拆卸操作，20 分		
	3. 焊接机器人的焊接模块手动伺服控制	40 分	1）将焊接机器人焊接模块手动伺服调试到水平位置，20 分 2）将焊接机器人焊接模块手动伺服调试到左、右倾斜位置，20 分		
	4. 职业规范与实训平台"6S"管理	15 分	1）电工工具、扳手和器材摆放整齐，5 分 2）做好气动设备及气动元器件维护，5 分 3）实训平台"6S"管理，场地清理及打扫，5 分		
自我评分=（1~4 项总分）×40%					

2. 小组检查与评价

同小组学生在自评基础上相互检查与评价，并将评分值记录于表 5-8 中。

表 5-8 小组评价表

评价内容	配分	评分
1. 项目实施记录与客观自我评价	20 分	
2. 工业机器人焊接模块的安装与测试	40 分	
3. 团队协作、实践能力	20 分	
4. 安全意识、态度认真、"6S"管理	20 分	
小组评分=（1~4 项总分）×30%		

3. 教师检查与评价

指导教师在学生自评与互评结果的基础上对其进行检查与综合评价，并将意见与评分值记录于表 5-9 中。

表 5-9 教师评价表

教师总体评价		教师评价（30 分）五级制：优秀（30~27）、良好（26~24）、中等（23~21）、及格（20~18）、不及格（18 以下）	
		评价等级及分值	
总评分=自我评分+小组评分+教师评分			

任务反馈

项目学习情况	
心得与反思	

拓展训练

1. 简述焊接机器人焊接模块的安装和拆卸步骤。
2. 简述焊接机器人带外部轴的类型，以及本项目外部轴的控制动力源。
3. 简述焊接机器人在哪些应用场合需要带外部轴配合使用，并举例说明。

任务三　焊接工具坐标系的标定与验证

任务目标

1）能够根据工作任务要求，使用六点法标定焊接工具坐标系。

2) 能够验证工具坐标系的准确性。

任务准备

焊接机器人在进行焊接作业之前，需要在其末端法兰盘上安装不同规格的焊接工具（焊枪），因此需要对工具坐标系进行标定，如图 5-7 所示，然后将焊接工具的坐标信息输送到焊接机器人控制柜中，才能准确地控制焊接工具的运动。

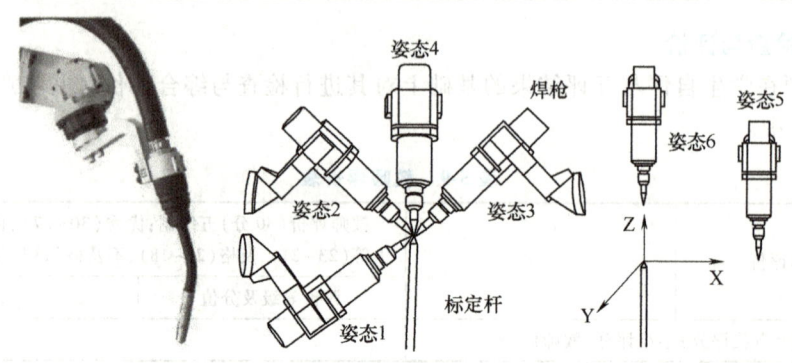

图 5-7　六点法标定焊接工具

任务分析

1. 工作计划

引导问题 1：手动操作焊接机器人时，为什么要创建焊接工具坐标系？

引导问题 2：手动操作焊接机器人时，采用哪种方法标定焊接工具坐标系？

2. 进行决策

引导问题 1：分组讨论该焊接机器人的焊接工具坐标系的标定方法和步骤。

引导问题 2：师生讨论并确定焊接工具坐标系的手动线性调试和验证方法。

任务实施

根据六点法，进行焊接机器人工具坐标系的标定训练，并验证。

1. 焊接工具坐标系的标定

将标定焊接工具坐标系的具体步骤记录在表 5-10 中。

表 5-10　焊接工具坐标系的标定步骤

序号	六点法标定步骤
1	
2	
3	
4	
5	
6	
7	
8	
9	
10	

2. 焊接工具坐标系的验证

将验证焊接工具坐标系的具体步骤记录在表 5-11 中。

表 5-11　焊接工具坐标系的验证步骤

序号	验证步骤内容
1	
2	
3	
4	
5	
6	
7	
8	
9	
10	

任务评价

1. 自我检查与评价

学生根据工作任务完成情况进行自我检查与评价，并将评分值记录于表 5-12 中。

表 5-12　学生评价表

学习任务	考核内容	配分	评价标准	扣分	得分
焊接工具坐标系的标定与验证	1. 安全意识与规范操作	10 分	1) 遵守实训室相关安全操作规范，5 分 2) 具备安全用电、规范操作的意识，5 分		
	2. 焊接工具坐标系的标定	35 分	1) 完成焊接工具的安装，10 分 2) 完成焊接工具坐标系的标定与调试，25 分		

（续）

学习任务	考核内容	配分	评价标准	扣分	得分
焊接工具的标定与验证	3. 焊接工具坐标系的验证与调试	40分	1）完成用于验证焊接工具坐标系的工具的准备，10分 2）完成焊接工具坐标系的验证——绕X轴旋转，10分 3）完成焊接工具坐标系的验证——绕Y轴旋转，10分 4）完成焊接工具坐标系的验证——绕Z轴旋转，10分		
	4. 职业规范与实训平台"6S"管理	15分	1）电工工具、扳手和器材摆放整齐，5分 2）做好气动设备及气动元器件维护，5分 3）实训平台"6S"管理，场地清理及打扫，5分		
	自我评分=（1~4项总分）×40%				

2. 小组检查与评价

同小组学生在自评基础上相互检查与评价，并将评分值记录于表5-13中。

表5-13 小组评价表

评价内容	配分	评分
1. 项目实施记录与客观自我评价	20分	
2. 焊接工具坐标系的标定及验证操作情况	40分	
3. 团队协作、实践能力	20分	
4. 安全意识、态度认真、"6S"管理	20分	
小组评分=（1~4项总分）×30%		

3. 教师检查与评价

指导教师在学生自评与互评结果的基础上对其进行检查与综合评价，并将意见与评分值记录于表5-14中。

表5-14 教师评价表

教师总体评价		教师评价(30分)五级制：优秀(30~27)、良好(26~24)、中等(23~21)、及格(20~18)、不及格(18以下)	
		评价等级及分值	
总评分=自我评分+小组评分+教师评分			

任务反馈

项目学习情况	
心得与反思	

拓展训练

1. 简述焊接工具坐标系的定义及标定原因。
2. 焊接工具坐标系标定方法有哪些？
3. 焊接工具坐标系标定后的验证方法是什么？
4. 标定焊接机器人焊接工具坐标系的具体操作步骤是怎么样的？
5. 简述焊接机器人在哪些应用场合需要标定工具坐标系，并举例说明。

任务四 焊接机器人程序调试与优化

任务目标

1) 了解焊接指令的应用。
2) 能够根据工作任务要求，完成焊接机器人程序的创建与编辑。
3) 能够根据工作任务要求，单步、连续运行和调试焊接机器人程序。
4) 能够根据工作任务要求，自动运行和调试焊接机器人程序。

任务准备

一、焊接指令

焊接指令也称焊接运动指令，包括直线运动指令、关节运动指令、焊接开始指令和焊接结束指令。焊接轨迹如图5-8所示，即从焊接开始点P1到焊接结束点P2。

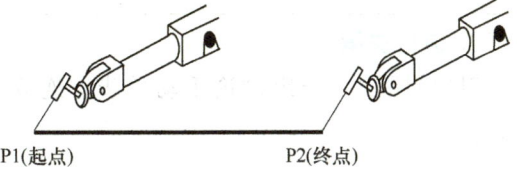

图 5-8 焊接轨迹

运动结束方式有 FINE 和 CNT 两种。
1) FINE 表示精确到位。
2) CNT 表示圆滑过渡到位，该方式使焊接轨迹具有过渡圆弧。

指令格式：
L P［1］ 250cm/min FINE 到达焊接开始点。
WELD START［A，B］ A表示当前选择的焊接程序号，B表示当前选择的焊接条件号。
L P［2］ WELD_SPEED CNT100 到达焊接结束点，结束方式为圆滑过渡。
WELD END［A，B］ 焊接结束指令。

二、焊接机器人程序优化与调试要求

根据焊接工艺要求调试焊接机器人程序，首先根据控制要求绘制优化焊接机器人程序流程图，然后创建焊接机器人主程序和子程序。子程序主要包括焊接机器人系统初始化子程

序、取焊接工具子程序、焊接子程序、放置焊接工具子程序。创建子程序前要先设计好焊接机器人的运行轨迹及定义好焊接机器人的程序点。

三、设计优化焊接机器人程序的流程图

根据焊接机器人控制功能，设计优化焊接机器人程序流程图，如图5-9所示。

图5-9　优化焊接机器人程序的流程图

任务分析

1. 工作计划

引导问题1：简述创建焊接机器人程序的操作步骤。

_____
_____
_____

引导问题2：在焊接机器人的示教编程操作中，主程序包括哪些子程序模块？是如何进行调用的？

_____
_____
_____

2. 进行决策

引导问题1：分组讨论手动单步、连续运行焊接机器人程序的步骤，调试效果是否良好？

_____
_____
_____

引导问题2：师生讨论并确定自动运行时焊接机器人调用子程序的方案，并确定调试步骤。

_____
_____
_____

任务实施

1）根据焊接优化思路，创建焊接主程序、子程序，对焊接程序进行优化，程序填于表5-15中。

表 5-15　焊接机器人程序主程序与子程序

程序行-指令-注释

2）根据焊接任务要求，利用示教器单独测试焊接机器人焊接工具轨迹。
3）根据焊接工艺要求，单步、连续运行和调试焊接机器人程序。
4）能够根据工作任务要求，自动运行和调试焊接机器人程序。
5）总结与反馈。

任务评价

1. 自我检查与评价

学生根据工作任务完成情况进行自我检查与评价，并将评分值记录于表 5-16 中。

表 5-16　学生评价表

工作任务	考核内容	配分	评分标准	得分	备注
焊接机器人程序调试与优化	1. 安全意识与规范操作	10 分	1）遵守实训室相关安全操作规范，5 分 2）具备安全用电、规范操作的意识，5 分		
	2. 焊接机器人程序创建与调试	35 分	1）完成焊接机器人程序创建，10 分 2）完成焊接机器人程序手动单步运行，10 分 3）完成焊接机器人程序连续运行，15 分		
	3. 焊接机器人的自动运行	40 分	1）完成焊接机器人的自动运行前的准备，20 分 2）完成焊接机器人的自动运行与调试，20 分		
	4. 职业规范与实训平台"6S"管理	15 分	1）电工工具、扳手和器材摆放整齐，5 分 2）做好气动设备及气动元器件维护，5 分 3）实训平台"6S"管理，场地清理及打扫，5 分		
	自我评分=（1~4 项总分）×40%				

2. 小组检查与评价

同小组学生在自评基础上相互检查与评价，并将评分值记录于表 5-17 中。

表 5-17　小组评价表

评价内容	配分	评分
1. 项目实施记录与客观自我评价	20 分	
2. 焊接机器人程序创建和自动运行	40 分	
3. 团队协作、实践能力	20 分	
4. 安全意识、态度认真、"6S"管理	20 分	
小组评分＝(1～4 项总分)×30%		

3. 教师检查与评价

指导教师在学生自评与互评结果的基础上对其进行检查与综合评价，并将意见与评分值记录于表 5-18 中。

表 5-18　教师评价表

教师总体评价		教师评价(30 分)五级制：优秀(30～27)、良好(26～24)、中等(23～21)、及格(20～18)、不及格(18 以下)	
		评价等级及分值	
总评分＝自我评分＋小组评分＋教师评分			

任务反馈

项目学习情况	
心得与反思	

拓展训练

1. 简述设计优化焊接机器人程序的流程。
2. 焊接机器人具有哪些指令？如何调试焊接机器人程序？
3. 焊接机器人工作站中，需要创建几个子程序？如何调用这些子程序？
4. 在整个焊接机器人程序运行过程中速度是如何进行调整的？是否影响焊接效果？
5. 在焊接机器人的调试过程中，程序调试与优化的方法是什么？

项目六 工业机器人电动机装配编程与操作
PROJECT 6

知识目标

1）了解电动机装配机器人工作站的组成。
2）掌握电动机装配机器人的装配和程序设计流程。
3）掌握电动机装配机器人工作站的基础配置与布局。
4）掌握 IF、DI、DO 等指令的应用。
5）掌握步进电动机和驱动器的设置与控制。
6）掌握机器人子程序的调用。

技能目标

1）能够根据工作任务要求，完成电动机装配机器人工作站的安装、布局和电气连接。
2）能够根据工作任务要求，运用工业机器人 I/O 信号进行外部控制，编写机器人视觉检测等模块的程序。
3）能够根据工作任务要求，完成步进电动机驱动的设置和 PLC 控制。
4）能够根据工作任务要求，编写工业机器人电动机装配与入库应用程序。
5）能够根据工作任务要求，调试电动机装配机器人的程序。

素养目标

1）挑战多样化的机器人系统应用，培养执着专注、精益求精、一丝不苟、追求卓越的工匠精神。
2）树立为人民服务的思想，培养协同合作的能力，多参与实训室清洁、维护保养活动，熟悉"6S"管理制度。

职业技能等级要求

工业机器人应用编程证书技能要求（中级）	
2.1.1	能够根据工作任务要求，利用扩展的数字量信号对供料、输送等典型单元进行机器人应用编程
2.1.2	能够根据工作任务要求，利用扩展的模拟量信号对输送、检测等典型单元进行机器人应用编程
2.3.1	能够根据工作任务要求，编制工业机器人与 PLC 等外部控制系统的应用程序
2.3.2	能够根据工作任务要求，编制工业机器人结合机器视觉等智能传感器的应用程序
2.3.4	能够根据工作任务要求，编制基于工业机器人的智能仓储应用程序

项目描述

装配机器人是智能化生产车间中必不可少的一种工业机器人，具有水平关节型、直角坐标型、多关节型和圆柱坐标型等多种类型，能适应不同的工件生产。装配机器人具有精度高、柔性好、工作范围小、能与其他系统配套使用等特点，可用于各种行业，如电子产品制造、汽车制造等。

工业机器人电动机装配项目分为电动机部件装配、视觉检测及智能入库三个任务。电动机部件装配任务主要完成电动机转子、电动机端盖和电动机外壳三个电动机部件的正确安装，并将电动机成品正确搬运至视觉检测模块，然后智能入库。三种电动机部件及电动机成品如图 6-1 所示。

a) 电动机端盖　　　b) 电动机转子　　　c) 电动机外壳　　　d) 电动机成品

图 6-1　电动机部件及电动机成品

平台准备

本项目所用平台包括表 6-1 中各部分。

表 6-1　平台各部分的名称及外形图

名称	YL-18 机器人工作台	FANUC 工业机器人	快换装置模块
外形图			
名称	多工位旋转供料模块	电动机装配模块	视觉检测模块
外形图			

（续）

名称	仓储模块（立体库）	手爪工具	
外形图			

任务一　电动机装配机器人工作站布局与测试

任务目标

1）了解电动机装配机器人工作站的基本组成及布局。
2）掌握工业机器人外部设备的功能及作用。
3）能够根据工作任务要求，完成电动机装配机器人工作站的布局和外部设备基础设置。

任务准备

一、电动机装配机器人工作站组成

电动机装配机器人工作站由6轴工业机器人、三套夹具、多位旋转供料模块、电动机装配模块、视觉检测模块、仓储模块等组成。其中将这些模块快速拆卸组合和更换其他模块代替也能达到装配训练的目的，根据训练任务的不同可单独使用，也可自由组合使用。本项目选用的为一套完整的集成电动机装配、机器视觉检测和智能仓储的电动机装配机器人工作站。将所选用的模块安装在桌面上合适位置，将三个手爪分别放入快换装置模块的1、2、4号夹具库位内。图6-2所示为除工业机器人以外的电动机装配机器人工作站的主要组成。

图6-2　除工业机器人以外的电动机装配机器人工作站主要组成

二、工业机器人的外部设备

工业机器人外部设备是指可以集成化、系统化，附加到机器人系统中并用来加强机器人功能的设备。在智能工厂中，灵活性高的工业机器人，外部设备集成一般比较简单，可适应产品型号变化；灵活性低的机器人，其外部设备一般比较复杂，如果需要更换外部设备，需要付出高额的投资。

视觉检测设备是工业机器人重要的外部设备之一。对于具备机器视觉检测功能的工业机器人来说，其外部设备是与视觉检测相关的硬件设备，且视觉检测设备必须安装在工业机器人手臂的合理位置，要能够与工业机器人控制系统相互通信，从而对后续动作做出判断，如图6-3所示。

图6-3　集成机器视觉系统的工业机器人

随着智能制造技术的发展，在智能生产线中的工业机器人与其外部设备，必须在功能上相协调，主要包括定位方式、夹紧方式、动作速度、网络通信等。常见工业机器人外部设备包括以下种类。

1. 定位装置

工件的位置对工业机器人来说非常重要。多数工业机器人没有检测操作位置的功能，而是以坐标系来定位，因此定位装置就很重要。定位装置最重要的参数是定位精度，定位精度要求与任务相适应。图6-4所示为焊接机器人的定位装置。

2. 传感器

根据作业不同，工业机器人可选用不同功能传感器作为外部设备，其选择标准较为严格，主要从安装位置、大小、精度等方面考虑。图6-5所示为应用于工业机器人的各种传感器。

3. 末端执行器

工业机器人的末端执行器种类较多，如弧焊焊枪、点焊焊枪和吸盘等，如图6-6所示。

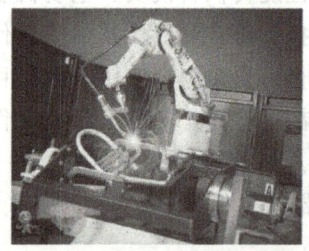

图6-4　焊接机器人的定位装置

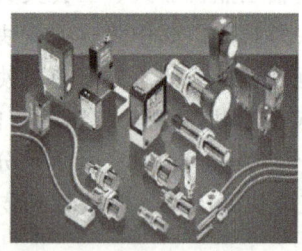

图6-5　应用于工业机器人的各种传感器

图6-6　工业机器人的末端执行器

三、电动机装配机器人工作站的桌面布局

电动机装配机器人工作站的桌面布局如图6-7所示，也可以根据自己的想法进行桌面布

局，只要模块不变，其编程原理就不变。本项目将按照图6-7的布局进行电动机装配机器人的例行程序编写和调试。

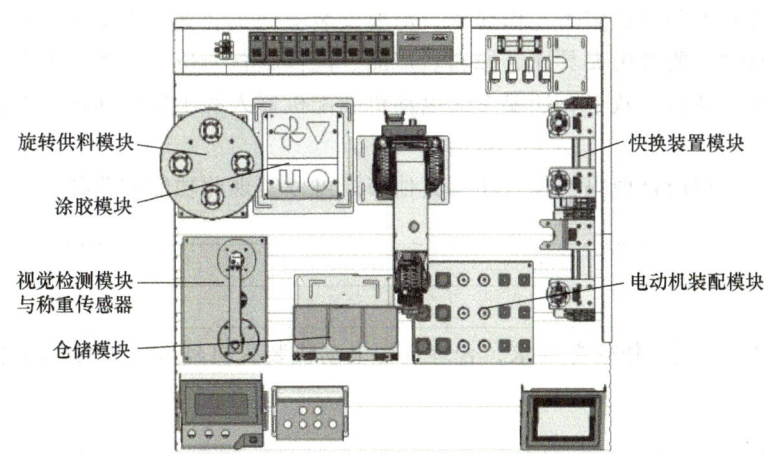

图6-7　电动机装配机器人工作站的桌面布局

四、电动机装配机器人工作站实物与数字孪生

党的二十大报告明确提出要"加快建设制造强国、质量强国"。目前，我国制造业的生产模式正朝着智能化方向转变。数字孪生（Digital Twin，DT）作为实现智能制造的重要途径，得到了工业界的青睐。数字孪生在虚拟现实技术（仿真）基础上依托并集成其他技术，与传感器实时连线以保证其保真性、实时性与闭环性，在现实应用中极具实用价值和前景。

电动机装配机器人工作站可采用数字孪生技术构建一个与实训平台相同的数字化实训工作站，如图6-8所示，可以在虚拟环境下对接工业机器人真实装配工作和操作，进行编程与仿真训练，实现真实与虚拟工业机器人的同步运行，真实反映工作站设备状态和监控数据。

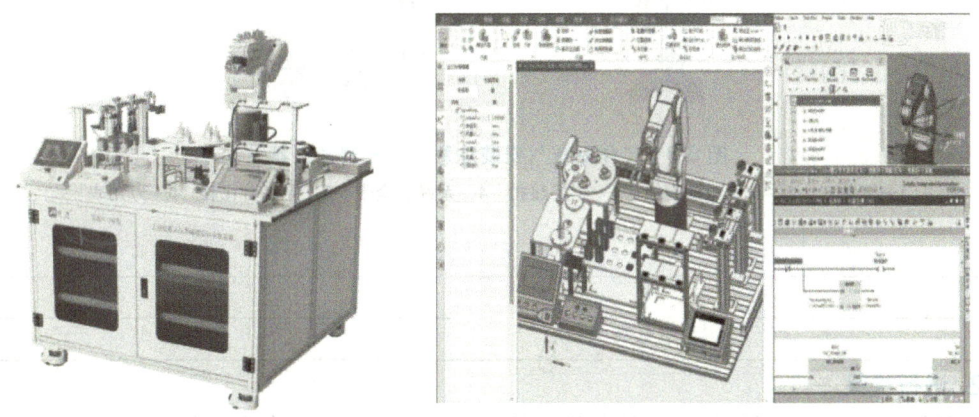

图6-8　电动机装配机器人工作站实物与数字化工作站

任务分析

在了解电动机装配机器人工作站组成和布局的基础上，进行实物观察、记录。根据布局进行实物安装或者布局调整，并对电气部分进行记录和测试。

1. 工作计划

引导问题1：如何布局各设备、部件从而让机器人执行效率更高？

一台工业机器人要完成多个工作任务，需要安装不同工装夹具来实现。在布局电动机装配机器人工作站时，要考虑夹具库、原料、产品、配件放置的位置，缩短电动机装配机器人运动的路径以及提高运动效率，还要考虑电动机装配机器人的工作空间和工艺路径，提高工作效率。

目前工作站的布局合理吗？是否还有其他布局可以实现此功能和路径？

_____
_____
_____

引导问题2：根据工作任务要求，合理选择电动机装配机器人工作站的安装工具，并说明选用原因。

_____
_____
_____

引导问题3：工作站电气安装与测试时应注意的安全事项及测试工具，如图6-9所示。试说明测试工具万用表的功能及测试步骤。

图6-9 工作站电气安装注意事项与测试工具

1—佩戴安全帽 2—扣紧帽绳 3—扣好纽扣 4—系好安全带 5—穿好劳保鞋 6—万用表

_____
_____

2. 进行决策

引导问题1：分组讨论该工作站各模块的功能、安装步骤，合理分析电动机装配的工艺路径。

引导问题2：师生讨论并确定合理的电动机装配机器人工作站电气安装和测试路径。

___

___

___

任务实施

1. 项目学习准备

1）指导教师事先了解教学电动机装配机器人工作站的实物和周边环境，做好预案（观察路线、学生分组等）。

2）指导教师对操作的安全规范做出要求，并进行学生任务分配，分配表见表6-2。

表6-2 学生任务分配表

班级		组号			指导教师	
组长		学号				
组员	姓名	学号	姓名	学号	姓名	学号
任务分工						

2. 认识电动机装配机器人工作站的组成和外部设备

通过课堂学习，认识各种类型的工业机器人外部设备，如传感器、电动机和末端执行器等；认识电动机装配机器人工作站的组成及其外部设备。

3. 观察电动机装配机器人工作站布局

根据对实训室或生产现场的观察，将电动机装配机器人工作站设备的组成及其功能记录在表6-3中，并在实训室中将各工作站设备按照规定布局进行合理安装与检查。

表6-3 电动机装配机器人工作站各组成设备及其作用

设备	作用

4. 观察外部设备的电气连接情况

以小组为单位，在指导教师的带领下，观察实训平台中电动机装配机器人外部设备的电气连接情况，并填写表6-4。

表6-4　电动机装配机器人外部设备记录表

外部设备	主要功能	电气连接情况

5. 实训总结

学生分组，每个人讲述所观察的电动机装配机器人工作站的组成及外部设备。要求做到能讲出该工作站的主要组成、作用、功能特点及电气连接原理、测试方法。再交换角色，重复进行。

任务评价

1. 自我检查与评价

学生根据工作任务完成情况进行自我检查与评价，并将评分值记录于表6-5中。

表6-5　学生评价表

工作任务	考核内容	配分	评分标准	得分	备注
电动机装配机器人工作站布局与测试	1. 安全意识与规范操作	10分	1）遵守实训室相关安全操作规范，5分 2）具备安全用电、规范操作的意识，5分		
	2. 搭建并合理布局工作站，并对外部设备做好电气连接测试	75分	1）完成工作站的搭建，20分 2）绘制工作站的布局图，并完成工作站的合理布局，30分 3）测试外部设备的电气连接情况，并完成外部设备记录表6-3，25分		
	3. 职业规范与实训平台"6S"管理	15分	1）电工工具、扳手和器材摆放整齐，5分 2）做好气动设备及气动元器件维护，5分 3）实训平台"6S"管理，场地清理及打扫，5分		
自我评分=（1~3项总分）×40%					

2. 小组检查与评价

同小组学生在自评基础上相互检查与评价，并将评分值记录于表6-6中。

表6-6　小组评价表

评价内容	配分	评分
1. 项目实施记录与客观自我评价	20分	
2. 电动机装配机器人工作站的布局和外部设备的电气连接测试	40分	

(续)

评价内容	配分	评分
3. 团队协作、实践能力	20分	
4. 安全意识、态度认真、"6S"管理	20分	
小组评分=(1~4项总分)×30%		

3. 教师检查与评价

指导教师在学生自评与互评结果的基础上对其进行检查与综合评价，并将意见与评分值记录于表6-7中。

表6-7 教师评价表

教师总体评价		教师评价（30分）五级制：优秀（30~27）、良好（26~24）、中等（23~21）、及格（20~18）、不及格（18以下）	
		评价等级及分值	
总评分=自我评分+小组评分+教师评分			

任务反馈

项目学习情况	
心得与反思	

拓展训练

1. 请实地走访企业和查找、研究文献，了解并阐述什么是装配工业机器人，智能制造中为什么要研究和发展装配机器人。
2. 什么是数字孪生技术？工业机器人如何结合数字孪生技术进行工作站的操作与调试？
3. 根据现有的工业机器人应用编程工作站，绘制电动机装配机器人工作站的电气原理图，并罗列出主要的外部设备及类型。

任务二 视觉检测模块的设置

任务目标

1）掌握机器视觉系统的定义、作用、特点及原理。

2）掌握机器视觉功能及特征匹配。

3）能够根据工作任务要求，完成视觉检测模块的特征匹配等功能设置。

任务准备

一、机器视觉系统的定义、作用和特点

机器视觉（Machine Vision）是一个系统的概念，它运用现代先进的控制技术、计算机技术及传感技术，表现为光、机、电的结合。

机器视觉技术能模拟人的视觉功能，从客观事物的图像中提取信息，进行处理并加以理解，最终用于识别定位、实际检测、测量和控制，其具有质量保证、过程监控及提高产量等作用，如图6-10所示，被广泛应用于生产制造等行业。

机器视觉系统是基于机器视觉技术为机器或自动化生产线建立的一套视觉系统。机器视觉系统主要利用视觉传感器获取环境的二维图像或三维图像，并通过视觉处理器

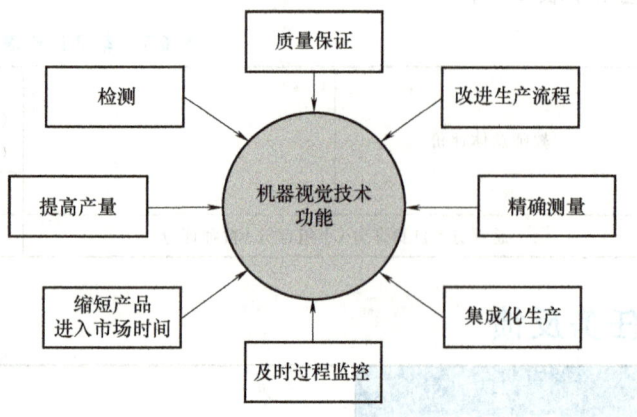

图6-10　机器视觉技术的作用

进行分析和解释，进而将图像转换为符号、辨识物体，并引导工业机器人动作，其目标是使工业机器人具有感知周围视觉世界的能力。

机器视觉系统的特点是可以提高生产的柔性和自动化程度。在一些不适合人工作业的危险工作环境或人工视觉难以满足要求的场合，常用机器视觉来替代人工视觉；同时在大批量工业生产过程中，用人工视觉检查产品质量效率低且精度不高，而用机器视觉检测方法可以大大提高生产效率和生产的自动化程度，如图6-11所示。机器视觉易于实现信息集成，是实现计算机集成制造的基础技术，机器视觉系统具有精度高、连续性、灵活性、标准性等特点。

图6-11　机器视觉代替人工视觉进行检测

二、机器视觉系统的组成

一个典型的机器视觉系统包括光源、镜头、相机（包括 CCD 相机和 COMS 相机）、图像处理单元（图像采集卡）、图像处理软件、计算机（工控机）、控制单元、传感器、监视器、通信输入/输出单元等，如图 6-12 所示。

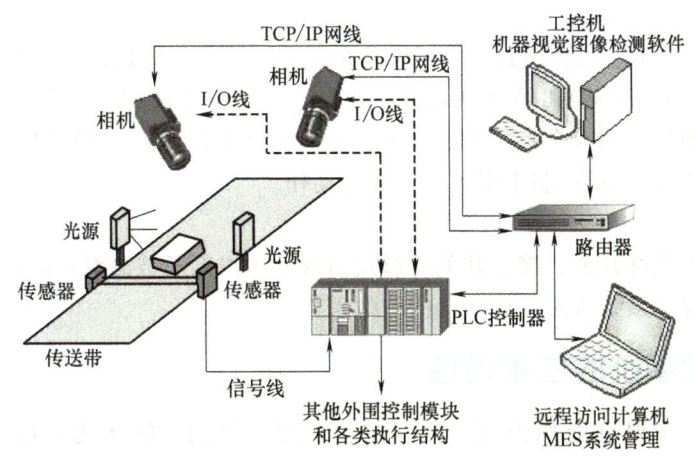

图 6-12　机器视觉系统组成

1. 光源

光源作为辅助成像器件，对成像质量的好坏往往能起到至关重要的作用。光源可使用各种形状的 LED 灯、高频荧光灯、光纤卤素灯等。

2. 相机与镜头

相机与镜头属于成像器件，通常机器视觉系统都是由一套或者多套这样的成像器件组成的。如果有多路相机，可能由图像采集卡切换来获取图像数据，也可能通过同步控制同时获取多相机通道的数据。根据应用的需要，相机的输出可能是标准的单色视频（RS-170/CCIR）、复合信号（Y/C）、RGB 信号，也可能是非标准的逐行扫描信号、线扫描信号、高分辨力信号等。

3. 图像采集卡

图像采集卡通常以插入卡的形式安装在 PC 中，它的主要作用是把相机输出的图像输送给 PC 主机。图像采集卡将来自相机的模拟信号或数字信号转换成一定格式的图像数据流，同时它可以控制相机的一些参数，比如触发信号、曝光/积分时间、快门速度等。图像采集卡通常有不同的硬件结构以针对不同类型的相机，同时也有不同的总线形式，比如 PCI、PCI64、Compact PCI、PC104、ISA 等。

4. 图像处理软件

图像处理软件即机器视觉软件，用于处理输入的图像数据，然后通过一定的运算得出结果，这个输出的结果可能是 PASS/FAIL 信号、坐标位置、字符串等。常见的图像处理软件以 C/C++图像库、ActiveX 控件、图形式编程环境等形式出现，它可以是专用的（比如仅仅用于 LCD 检测、BGA 检测、模版对准等），也可以是通用的（包括定位、测量、条码/字符识别、斑点检测等）。

5. 计算机

计算机是一个 PC 式视觉系统的核心，在这里完成图像数据的处理和绝大部分的控制逻辑。检测类型的应用通常需要较高频率的中央处理器（CPU），这样可以减少处理时间。同时，为了减少工业现场电磁、振动、灰尘、温度等因素的干扰，必须选择工业级的计算机。

6. 控制单元

控制单元包含 I/O、运动控制、电平转化单元等，图像处理软件完成图像分析（除非仅用于监控）后，紧接着需要和外部单元进行通信以完成对生产过程的控制。简单的控制可以直接利用部分图像采集卡自带的 I/O 完成，相对复杂的逻辑/运动控制则必须依靠附加的可编程逻辑控制单元/运动控制卡来实现必要的动作。

7. 传感器

传感器通常以光纤开关、接近开关等形式出现，用以判断被测对象的位置和状态，并将信息传递给机器视觉系统从而开启后续的图像采集。

三、机器视觉系统的应用场合

机器视觉系统主要有图像识别、视觉定位、图像检测、物体测量四大基础应用，如图 6-13 所示。图像识别利用机器视觉系统对图像进行处理、分析和理解，以识别各种不同模式的目标对象；视觉定位要求机器视觉系统能够快速准确地找到被测零件并确认其位置；图像检测是机器视觉系统最主要的应用之一，几乎所有产品都需要图像检测的功能；机器视觉系统工业应用最大的特点就是其非接触的物体测量，它不仅具有高精度和高速度的性能，还非接触无磨损，消除了接触测量可能造成的二次损伤隐患。

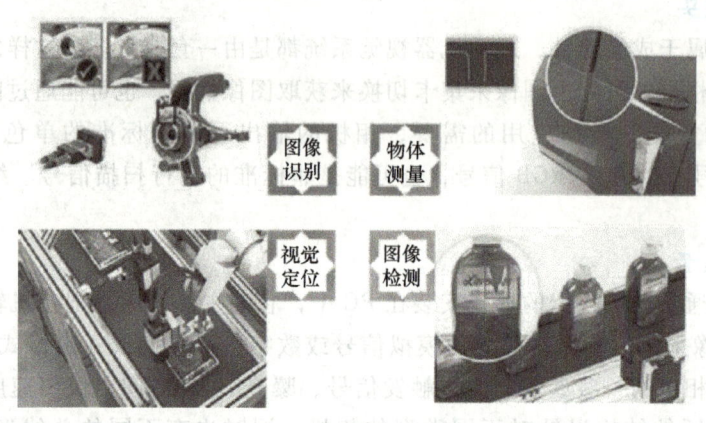

图 6-13 机器视觉系统的四大基础应用

由于机器视觉系统可以快速获取大量信息，而且易于自动处理，也易于同设计信息以及加工控制信息集成，因此，在现代自动化生产过程中，机器视觉系统被广泛地用于各行各业，如工况监视、成品检验和质量控制等领域，如图 6-14 所示。机器视觉系统能够提高生产的柔性、效率和自动化程度。而且机器视觉易于实现信息集成，是实现计算机集成制造的基础技术。总之，随着机器视觉技术自身的成熟和发展，它将在现代和未来制造业中得到越来越广泛的应用。

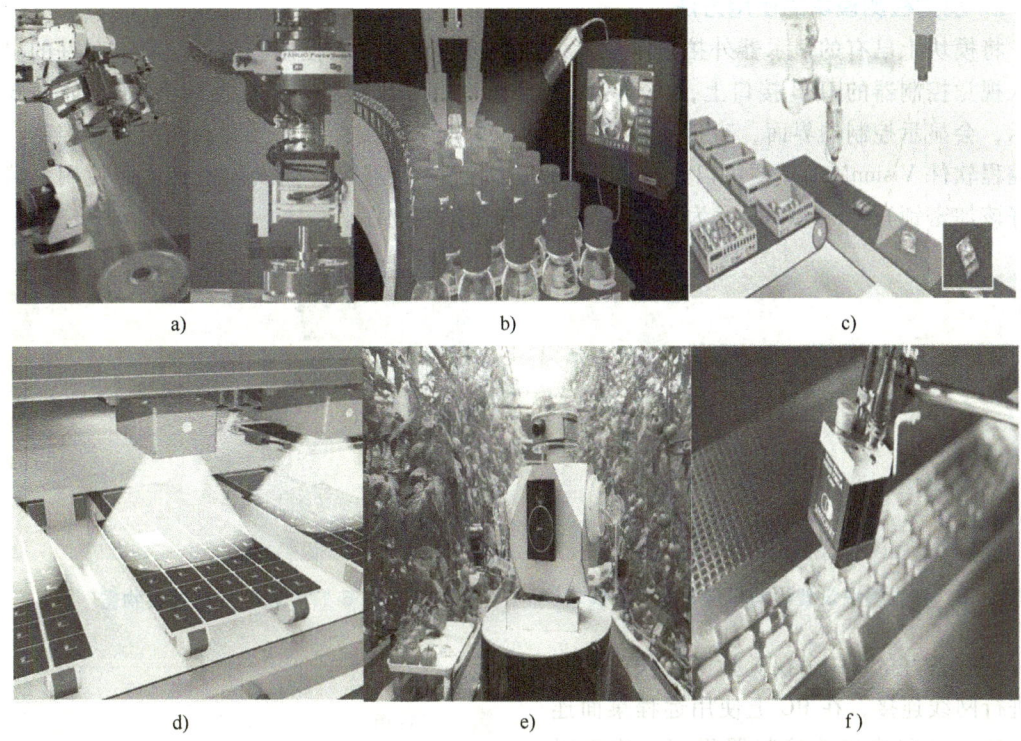

图 6-14 机器视觉不同的应用场景

四、视觉检测模块的准备

本项目视觉检测模块，如图 6-15 所示，首先将其安装在桌面的合适位置，再将视觉显示器和视觉控制器接入电源上，将信号线使用配备的对接插头一头连接至模块上的绿色端子排，另一头连接至桌面的绿色端子排。绿色端子排在视觉检测模块桌面上有对应的标签，分别插入视觉模块和称重传感器。

五、视觉检测模块的外部设置

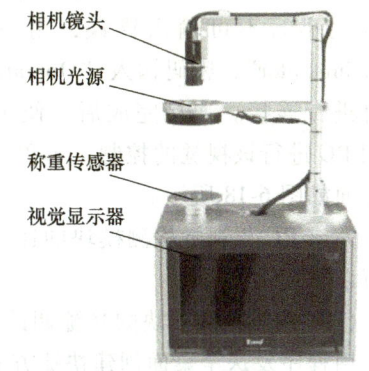

图 6-15 视觉检测模块和称重传感器

1. 视觉检测模块涉及的外部控制和反馈输入、输出信号点位设置

视觉检测模块涉及的外部控制和反馈输入、输出信号点位设置见表 6-8。

表 6-8 视觉模块涉及的外部控制和反馈输入、输出信号点位设置

信号	信号功能
DI[242]	检测反馈信号 1
DI[243]	检测反馈信号 2
DI[244]	检测反馈信号 3
DI[245]	检测反馈信号 4

2. 视觉检测模块的使用方法

将模块上已有的显示器外接一个鼠标，以此进行对视觉的控制和编程。将准备好的鼠标插入视觉控制器的 USB 接口上，按显示器的开机键打开显示器，模式选择为 PC，如图 6-16 所示，会显示控制器界面，直接使用鼠标便可以对视觉检测模块的光源和相机进行控制，打开编程软件 VisionMaster 便可以进行逻辑编程（注意控制器需要插入加密锁才可使用，请保管好该加密锁），图 6-17 所示为视觉检测模块加密锁实物图。

图 6-16　视觉模块设置检测模块设置 PC 模式

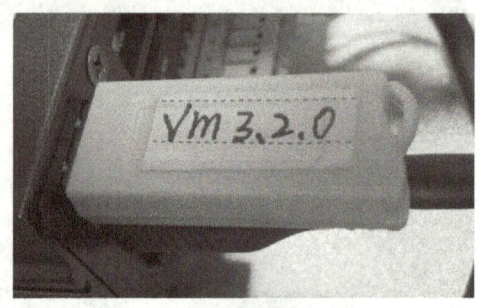

图 6-17　软件加密锁实物图

将准备好的 PC 和视觉检测模块的控制器进行网线连接，在 PC 上使用远程桌面连接功能，远程连接该控制器界面，连接时 PC 名称输入"VisionBox"，需要注意的是，字母大小写不可输入错误，用户名输入"administrator"，密码输入"Operation666"，即可进行连接。连接完成后，便可以直接使用 PC 进行该视觉的控制。远程桌面连接的界面如图 6-18 所示。

图 6-18　远程桌面连接

完成 PC 与视觉检测模块的连接后，需进行以下调试：

（1）视觉检测模块的光源调试　打开控制器的"C"盘，搜索"ViSionController"并将该应用程序发送至桌面创建快捷方式，以便于下次直接打开使用，然后将该应用程序打开出现如图 6-19 所示界面，"串口号"选择"Com2"，然后单击"打开串口"按钮，下方的"光源控制"区便会高亮显示，此时便可以对光源进行状态选择和亮度调节，具体调节的亮度根据实际情况进行选择，完成后单击"应用"按钮即可。

工业机器人视觉模块调试光源

（2）视觉检测模块的相机参数调节　将相机通过"USB"插口连接至控制器上，取下相机的镜头盖子（注意需要将镜头盖子保存好，以防丢失），然后打开桌面的 MVS 软件，单击"连接"按钮，完成与相机的连接，并对相机的参数进行设置。

当成功连接该相机时，单击界面上的"采集"按钮，可以实时对画面捕捉。在右侧的画面处理按钮如图 6-20 所示。

图 6-20 所示从左至右按钮的含义见表 6-9。

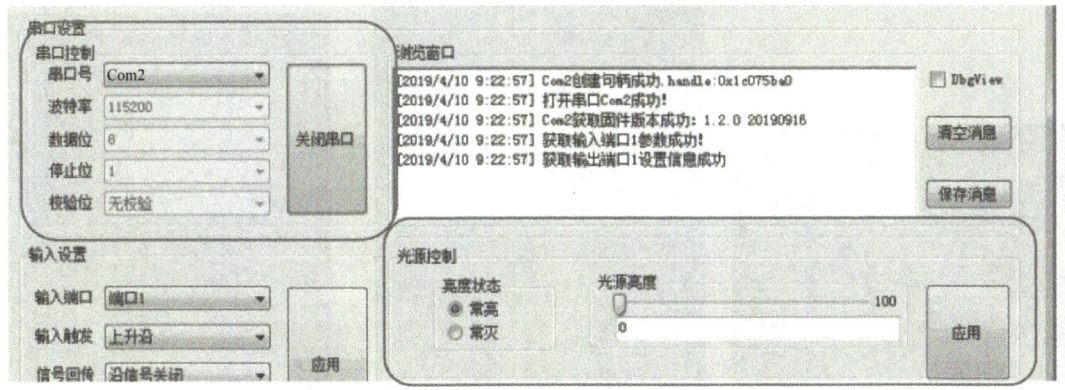

图 6-19 光源调试

图 6-20 画面处理按钮

表 6-9 按钮的含义

图标	按钮含义
▶	开始采集：单击该按钮，相机会实时采集外部图像，再次单击则关闭该功能
👁	停止预览：单击该按钮会立即停止图像输出，界面变成黑色
📷	抓拍图像：单击该按钮可以抓拍当前镜头下的图像，并可以进行保存
🎥	录像：单击该按钮，可以进行实时界面的录像功能，并可以进行文件保存
▦	显示十字辅助线：单击该按钮可以显示出中心辅助线，便于物料找准界面中心，再次单击则取消显示

在常用属性中，可以对相机的参数进行设置，如图 6-21 所示。

1）基本属性。在"基本属性"窗口中，主要可以调节相机的曝光时间、帧率、增益、伽马使能等，如图 6-22 所示。当画面很暗时，除了可以调整光源的强度，也可以通过增大曝光时间来调整画面的亮度，当处于很黑暗的环境中时可以打开伽马使能功能，这样便可以清晰地看到相机下的图像。

2）水印信息。在"水印信息"窗口中，勾选图 6-23 所示的选项，在捕捉图像时，便可以在图像上显示出该水印信息。

3）触发方式的选择。使用相机时，需要设置相机的触发方式。触发方式有软件自动触发和外部 I/O 触发两种方式。如图 6-24 所示，当"触发模式"为"Off"时，模式为软件自动触发，当"触发模式"为"On"，"触发源"为"line0"时，为外部 I/O 信号触发，此时手动软件无法触发，如需触发就将"触发模式"更改为"Off"。

工业机器人现场编程与操作

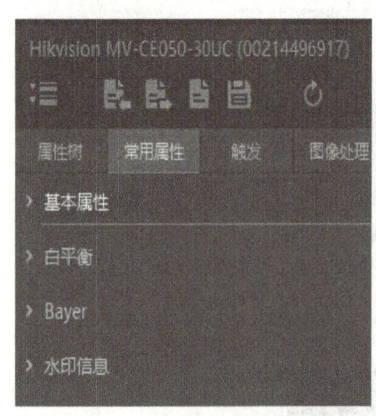

图 6-21　常用属性窗口

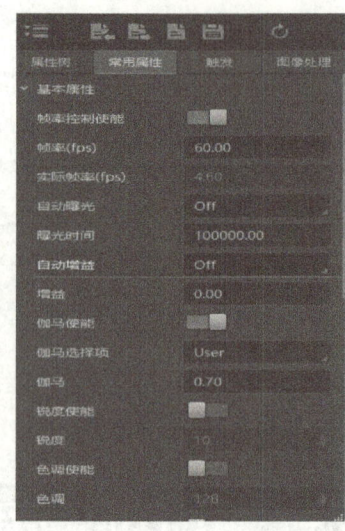

图 6-22　"基本属性"窗口

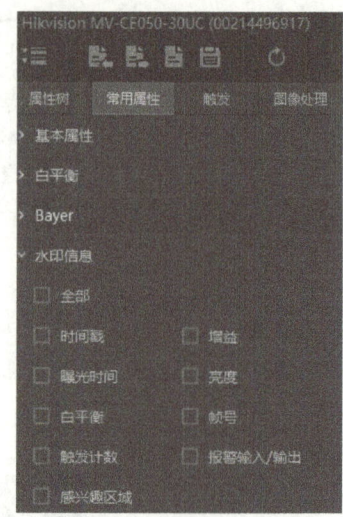

图 6-23　"水印信息"窗口

任务分析

在了解视觉检测模块组成、光源设置及软件应用的基础上，进行视觉检测模块参数配置，根据电动机检测要求进行电动机模块的视觉特征匹配，并进行视觉检测和调试。

图 6-24　触发模式窗口

1. 工作计划

引导问题1：视觉检测模块的主要硬件组成，如图6-25所示，填写硬件设备的名称，简述各硬件设备间的接线方法？

a)＿＿＿＿

b)＿＿＿＿

c)＿＿＿＿

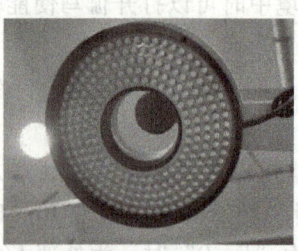
d)＿＿＿＿

e)＿＿＿＿

图 6-25　视觉检测模块的主要硬件组成

— 130 —

引导问题2：视觉控制器如图6-26所示，将视觉控制器与外部设备I/O连接后，如何进行视觉检测参数设置？

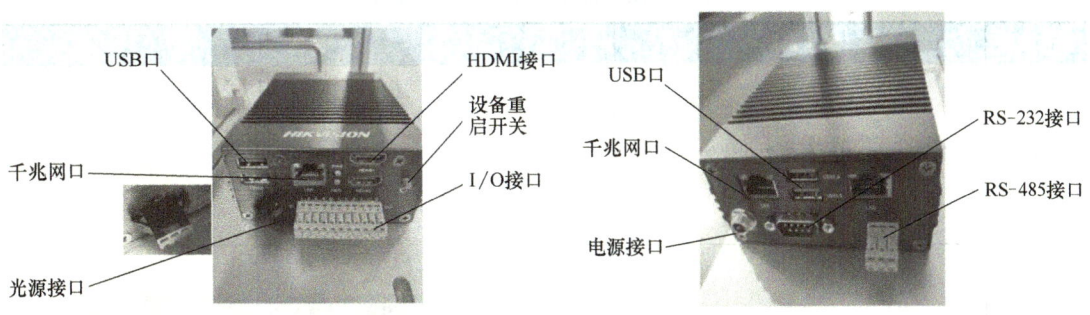

图 6-26　视觉控制器

引导问题3：查阅并简述机器视觉软件的编程方法与应用。

2. 进行决策

引导问题1：分组讨论该视觉检测模块的硬件配置、参数环境配置步骤和光源调试步骤。

引导问题2：师生讨论并确定视觉特征匹配检测的具体步骤。

任务实施

1. 视觉检测模块软件的使用

在视觉控制器上插上加密锁后打开桌面上的 VisionMaster 软件，该软件也可以安装在计算机上，需要使用时将加密锁插在计算机 USB 口上即可使

工业机器人的视觉检测

用，相机的软件也可以安装在任意计算机上，相机直接通过 USB 口连接至计算机即可。

2. 电动机装配模块的视觉特征匹配检测

完成相机参数的配置后，保存数据并断开相机连接，回到 VisionMaster 软件中进行视觉特征匹配检测。操作步骤见表 6-10。主要包括选择相机图像、颜色转换、快速特征匹配、条件检测和发送数据。

表 6-10　视觉特征匹配检测的操作步骤

操作步骤	操作说明	图例
1	打开 VisionMaster 3.2.0 软件	
2	选择"通用方案"	
3	选择"相机图像"，相机选择为 Hikvision 相机，"触发源"设置为"SOFTWARE"	
4	"颜色转换"输入源为上一步骤创建的相机图像，"转换类型"为"RGB 转灰度"	

（续）

操作步骤	操作说明	图例
5	选择"快速特征匹配",并与"颜色转换"模块相连,创建特征模板,并进行参数设置	
6	创建特征模板,方形选框框选电动机,生成模板,通过粗糙尺度、对比度阈值等参数修正线条	
7	选择"条件检测",并与"快速特征匹配"相连接,创建1个float,设置条件和有效值范围	
8	选择"发送数据"并与"条件检测"模块相连	
9	单击任务栏上方"通信管理"按钮,在"设备列表"中单击"+"按钮,增加通信协议	

（续）

操作步骤	操作说明	图例
10	新建 TCP 客户端，添加一个 TCP 客户端协议。按照图中进行设置，其中"协议类型"为"TCP 客户端"，"设备名称"为"TCP_0"，"目标端口"为"502"，"目标 IP"为"192.168.8.1"，最后单击"创建"按钮	
11	添加一个 Modbus 协议，并按照图中进行设置，其中"协议类型"为"Modbus"，"设备名称"为"Modbus_0"，"通信设备"为"TCP_0"，"超时时间"为"50"，最后单击"创建"按钮	
12	右键单击"Modbus_0"，在弹出的菜单中选择"添加地址"	

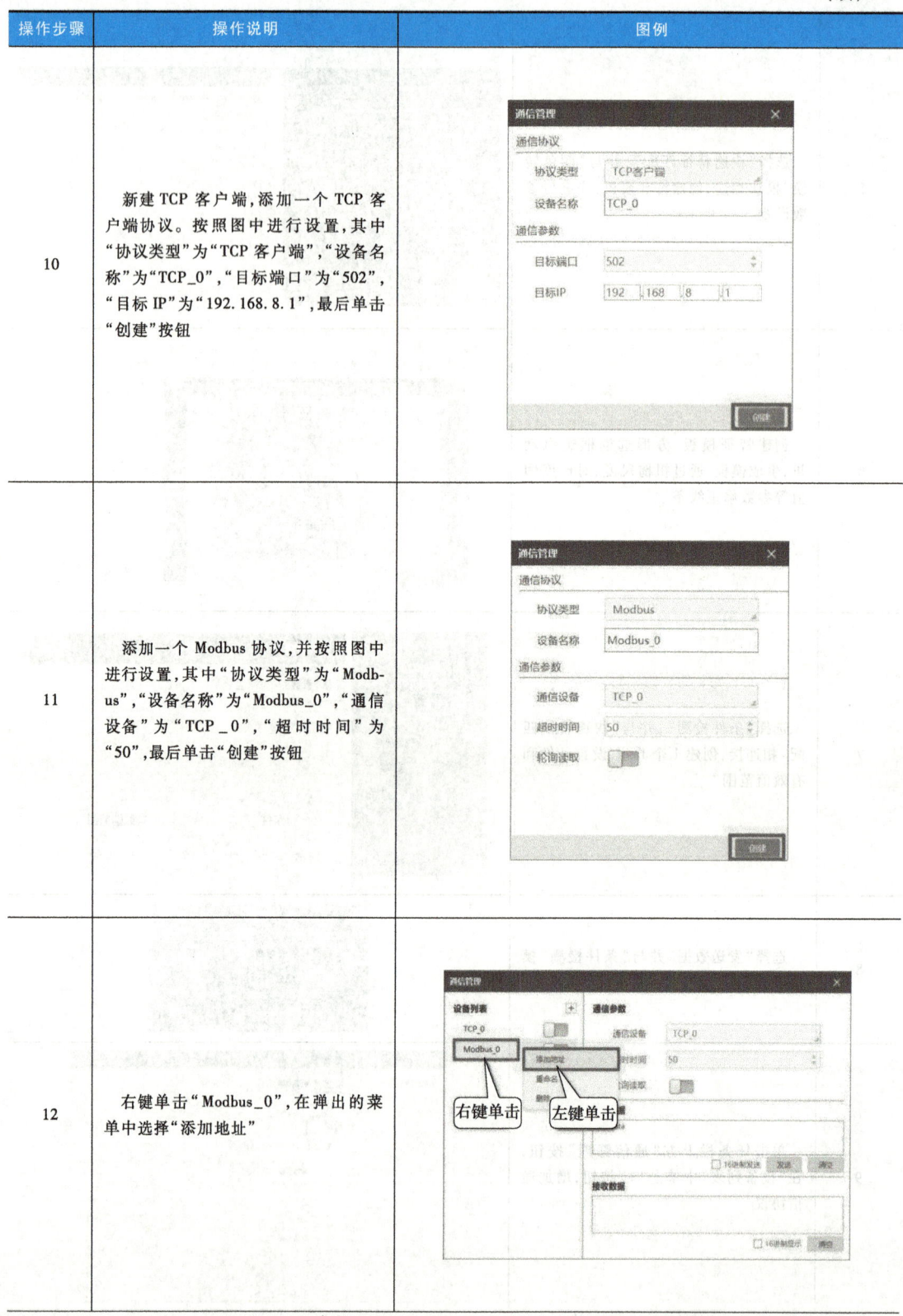

(续)

操作步骤	操作说明	图例
13	添加一个 Modbus 协议地址,并按照图中进行设置,其中"设备名称"为"Address0","功能码"为"0x10:写多个寄存器","主从模式"为"主机","协议选择"为"RTU","设备地址"为"2","寄存器地址"为"0","寄存器个数"为"4",最后单击"创建"按钮并关闭通信管理界面	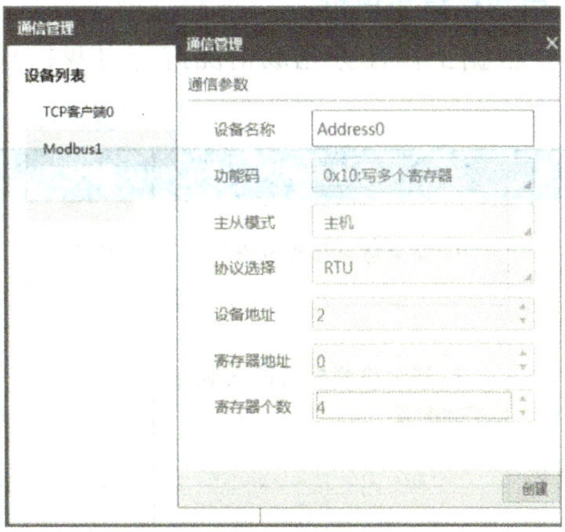
14	双击进入"发送数据"对话框,按照右图设置参数	

运行该特征匹配,可以看到当前的匹配分数,当分数大于设置值时,便可以进行输出。匹配的分数值可以在特征匹配里进行设置。此时,便可以进行模型的特征匹配检测,判断电动机的装配是否正确,如图 6-27 所示。

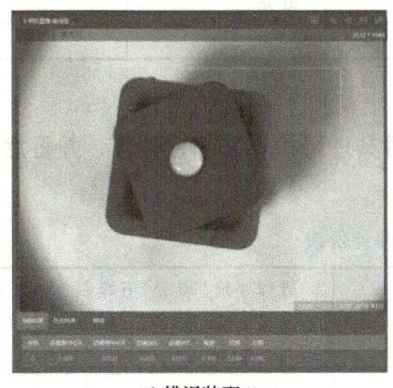
a) 错误装配

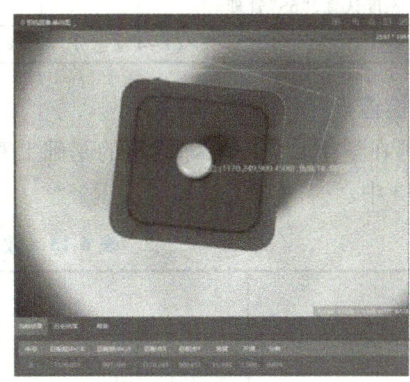
b) 正确装配

图 6-27 电动机错误装配和正确装配

任务评价

1. 自我检查与评价

学生根据工作任务完成情况进行自我检查与评价,并将评分值记录于表 6-11 中。

表 6-11 学生评价表

工作任务	考核内容	配分	评分标准	得分	备注
视觉检测模块的设置	1. 安全意识与规范操作	10 分	1)遵守实训室相关安全操作规范,5 分 2)具备安全用电、规范操作的意识,5 分		
	2. 视觉检测模块的安装与基础配置	35 分	1)完成视觉检测模块的安装,10 分 2)完成视觉光源调节、镜头参数的调节,10 分 3)完成相机参数的配置,15 分		
	3. 视觉检测模块的特征匹配	40 分	1)完成电动机装配机器人工作站视觉特征匹配程序设置,20 分 2)完成电动机装配机器人工作站视觉特征匹配检测与调试,20 分		
	4. 职业规范与实训平台"6S"管理	15 分	1)电工工具、扳手和器材摆放整齐,5 分 2)做好气动设备及气动元器件维护,5 分 3)实训平台"6S"管理,场地清理及打扫,5 分		
	自我评分=(1~4 项总分)×40%				

2. 小组检查与评价

同小组学生在自评基础上相互检查与评价,并将评分值记录于表 6-12 中。

表 6-12 小组评价表

评价内容	配分	评分
1. 项目实施记录与客观自我评价	20 分	
2. 视觉检测模块的配置和匹配调试情况	40 分	
3. 团队协作、实践能力	20 分	
4. 安全意识、态度认真、"6S"管理	20 分	
小组评分=(1~4 项总分)×30%		

3. 教师检查与评价

指导教师在学生自评与互评结果的基础上对其进行检查与综合评价,并将意见与评分值记录于表 6-13 中。

表 6-13 教师评价表

教师总体评价		教师评价(30 分)五级制:优秀(30~27)、良好(26~24)、中等(23~21)、及格(20~18)、不及格(18 以下)	
		评价等级及分值	
总评分=自我评分+小组评分+教师评分			

任务反馈

项目学习情况	
心得与反思	

拓展训练

1. 机器视觉系统工作的基本原理是什么？
2. 简述在电动机装配机器人工作站中，视觉检测模块的光源调试过程。
3. 电动机装配模块的视觉特征匹配检测包括哪几部分？
4. 机器视觉软件算法平台旨在快速解决机器视觉问题，查阅相关资料，简述机器视觉软件算法平台的功能主要有哪些。

任务三 多工位旋转供料模块的设置

任务目标

1）了解步进电动机的控制原理。
2）掌握步进电动机的功能及控制方法。
3）能够根据工作任务要求，完成电动机装配机器人工作站多工位旋转供料模块的设置。

任务准备

一、多工位旋转供料模块的组成与准备

多工位旋转供料模块：由旋转供料机、旋转台、固定底板等组成。

多工位旋转供料模块适配外围控制器套件和标准电气接口套件。电动机装配机器人通过组 I/O 和以太网与 PLC 进行信息交互，PLC 最终根据机器人的命令将料盘旋转到指定工位。在使用时，配套的是电动机装配实例中放置转子的工位，将驱动电动机的驱动线连接至设备重载插头上，将设备上的绿色端子排与设备后面绿色端子排连接起来，使得设备上的点位与 PLC 建立连接。旋转供料模块的实物图如图 6-28 所示。

二、步进电动机控制原理

步进电动机是一种将电脉冲信号转换成相应角位移或线位移的电动机。每输入一个脉冲

信号，转子就转动一个角度或前进一步，其输出的角位移或线位移与输入的脉冲数成正比，转速与脉冲频率成正比。因此，步进电动机又称脉冲电动机，如图 6-29 所示。

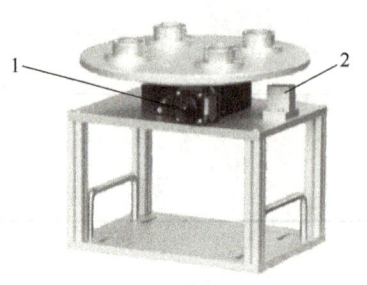

图 6-28 旋转供料模块的实物图
1—驱动电动机 2—原点传感器

图 6-29 步进电动机

1. 工作台转一圈需要的脉冲数

步进电动机的脉冲数＝需走角度/步距角×细分数×传动比。要知道步距角、需走角度、驱动器的细分数和传动比才能求出脉冲数。

假设步进电动机步距角是 1.8°，转一圈是 360°，所以需要 360(°)/1.8(°)＝200 个脉冲。

若再将步进驱动器细分数设置为 8，则需要 200×8＝1600 个脉冲。

若再将传动比设置为 180∶1，则需要 1600×180＝288000 个脉冲。

最后得到工作台转一圈需要 288000 个脉冲，所以在使用 PLC 进行编程时，当工作台返回至原点位置即工作台旋转一圈，需要发送 288000 个脉冲。

2. 步进细分的概念

所谓步进细分，就是将步进电动机的一个步距角分成几步来走。比如，不细分的情况下，一个脉冲走一个物理步距角；4 细分后就是四个脉冲走一个物理步距角。因此，n 细分的情况下，就是 n 个脉冲走一个物理步距角，一个脉冲走 $1/n$ 个步距角。

用两相混合式步进电动机来举例，通常它的步距角是 1.8°，若不细分，每经过一个脉冲，电动机转 1.8（°），则电动机转一圈需要 200 个脉冲；若 n 细分，则一个脉冲电动机转 $1.8°/n$，即电动机转一圈需要 $200n$ 个脉冲。通常有三种方法表示细分数：

1）直接表示法，即直接标出细分数，如 1、2、4 等。

2）角度表示法，即标出细分后每个脉冲电动机的转动的角度，如 1.8°、0.9°、0.45°等。

3）脉冲数表示法，即标出电动机旋转一圈需要多少个脉冲，如 200、400、800 等，这种方法在三相步进系统中应用最多。

任务分析

在了解多工位旋转供料模块组成、步进电动机控制原理基础上，进行多工位旋转供料模块步进电动机驱动和 I/O 信号设置，根据电动机装配任务要求进行 PLC 侧软件设置和编程应用。

1. 工作计划

引导问题1：步进电动机主要的参数有哪些？如何进行多工位旋转工作台驱动器的设置？步进电动机与驱动器如图6-30所示。

图6-30　步进电动机与驱动器

引导问题2：如图6-31所示，如何进行多工位旋转供料模块对应工业机器人的I/O连接，信号的设置？

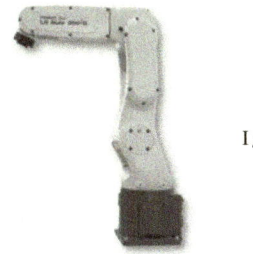 

图6-31　工业机器人与多工位旋转供料模块

引导问题3：选择工业机器人PLC软件，如图6-32所示，并简述PLC编程方法与应用。

图6-32　PLC软件

2. 进行决策

引导问题1：分组讨论该多工位旋转供料模块的硬件配置，并进行驱动器细分设置。

引导问题2：师生讨论并确定多工位旋转供料模块的PLC侧设置、编程思路和调试方法。

PLC编程流程图为

任务实施

1. 多工位旋转供料模块的参数

多工位旋转供料模块选用高精度旋转工作台，其采用步进电动机驱动。多工位旋转供料模块的一些计算参数见表6-14，根据细分来调节驱动器上的拨码开关，默认拨1和2组合可以改变细分大小。

表6-14 多工位旋转供料模块参数

序号	产品型号	ZXR100MA01
1	台面直径	100mm
2	传动比	180：1（电动机转180圈，转盘转一圈）
3	重复定位精度	<0.005°
4	标配电动机	42步进（步距角1.8°）
5	最大静转矩	0.4Nm

(续)

序号	产品型号	ZXR100MA01
6	额定工作电流	1.7A
7	最大速度	25°/s
8	分辨力(8细分)	0.00125°
9	中心通孔直径	(30/46+0.025)mm
10	标配零件	可装
11	中心最大负载	50kg
12	自重	1.54kg

2. 多工位旋转供料模块的 I/O 信号设置

多工位旋转供料模块对应电动机装配机器人的 I/O 点位见表 6-15。

表 6-15 多工位旋转供料模块对应电动机装配机器人的 I/O 点位

序号	信号	信号功能
1	DO[145]	轴报警复位
2	DO[146]	轴寻原点
3	DO[147]	轴停止
4	DO[148]	轴运转到绝对位置1
5	DO[149]	轴运转到绝对位置2
6	DO[150]	轴运转到绝对位置3
7	DO[151]	轴运转到绝对位置4
8	DO[152]	轴到位信息消除
9	DO[137]	轴切换到下一位置
10	DI[145]	轴报警状态:0 无报警,1 发生报警
11	DI[146]	轴到原点状态:0 未回原点,1 回原点完成
12	DI[147]	轴运行状态:0 停止状态,1 运行中
13	DI[148]	轴位置1状态:0 不在此位置,1 到达此位置
14	DI[149]	轴位置2状态:0 不在此位置,1 到达此位置
15	DI[150]	轴位置3状态:0 不在此位置,1 到达此位置
16	DI[151]	轴位置4状态:0 不在此位置,1 到达此位置
17	DI[152]	轴到位状态:0 未到位,1 到达

3. 多工位旋转供料模块 PLC 侧设置

多工位旋转供料模块的控制包括设计转盘的回原点、暂停,机器人的报警复位,轴的点动正转,轴的点动反转,转盘位置1、2、3、4 的控制。当按复位按钮或者机器人发出轴寻原点命令时,其转盘进行回原点操作。具体 PLC 程序设置步骤见表 6-16。

表 6-16　PLC 程序设置步骤

序号	图例	程序说明
1	（程序段 3：转盘控制 梯形图，包含 #转盘_sub_Instance 功能块调用：输入端 EN、"%Q0.4 复位按钮"、"HM"转盘.轴寻原点"（#P_1）、#机器人命令_轴寻原点（#P_2）、"HM"转盘.轴停止"（#P_3）、"Global".系统功能急停、%M8001.0 "Clock_10Hz"、#机器人命令_轴停止（#P_4）、#机器人命令_轴报警复位（#P_5）、"HM"转盘.轴报警复位（#P_6）、"%Q0.4 复位按钮"与"HM"转盘.点动正转、"%Q0.4 复位按钮"与"HM"转盘.点动反转、"%Q0.4 复位按钮"与轴运转到绝对位置1（#P_7）、#机器人命令_切换下一位置（#P_15）与#转盘位置设定(90度)==Byte 0、#转盘位置设定(90度)==Byte 4、#机器人命令_轴运转到绝对位置1（#P_20）；输出端 ENO、回原点完成→"HM"转盘.轴回原点状态、到达位置1→"HM"转盘.轴位置1状态、到达位置2→"HM"转盘.轴位置2状态、到达位置3→"HM"转盘.轴位置3状态、到达位置4→"HM"转盘.轴位置4状态、发生错误→"HM"转盘.轴报警状态、轴运行中→"HM"转盘.轴运行状态；以及"回原点"、"暂停"、"报警复位"、"点动正转"、"点动反转"、"去位置1"等输出标签）	轴的点动正转、点动反转、复位按钮和 HMI 上对应按钮发出指令，转盘进行相应的动作 　　转盘有对应的四个位置，即位置 1 到位置 4，位置 1 为机器人取料点。当机器人输出下一个轴的位置命令或者机器人发出轴运动到绝对位置的时候，其转盘四个位置相继旋转到对应的物料抓取位置，为机器人供料

— 142 —

（续）

序号	图例	程序说明
2	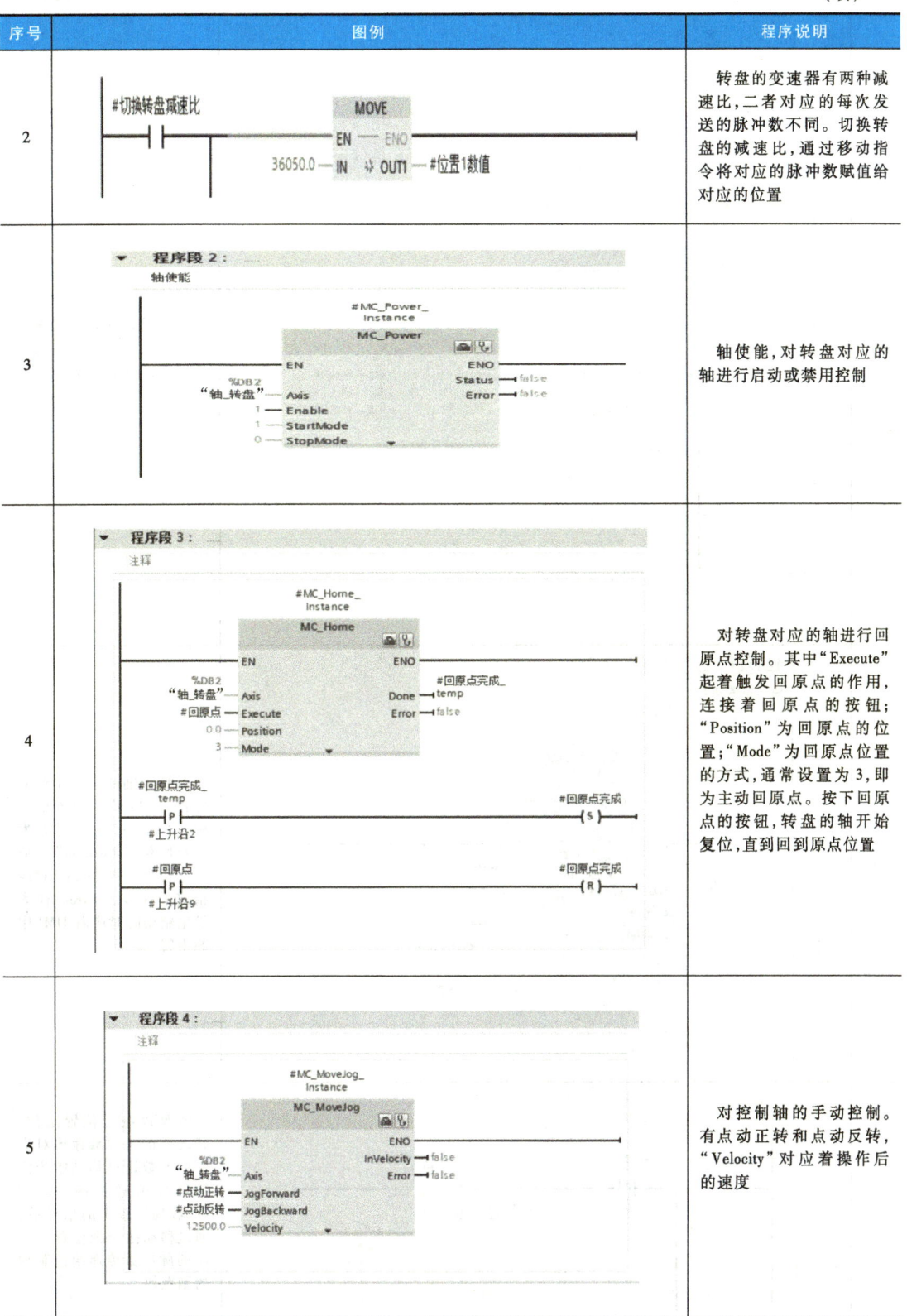	转盘的变频器有两种减速比，二者对应的每次发送的脉冲数不同。切换转盘的减速比，通过移动指令将对应的脉冲数赋值给对应的位置
3		轴使能，对转盘对应的轴进行启动或禁用控制
4		对转盘对应的轴进行回原点控制。其中"Execute"起着触发回原点的作用，连接着回原点的按钮；"Position"为回原点的位置；"Mode"为回原点位置的方式，通常设置为3，即为主动回原点。按下回原点的按钮，转盘的轴开始复位，直到回到原点位置
5		对控制轴的手动控制。有点动正转和点动反转，"Velocity"对应着操作后的速度

（续）

序号	图例	程序说明
6	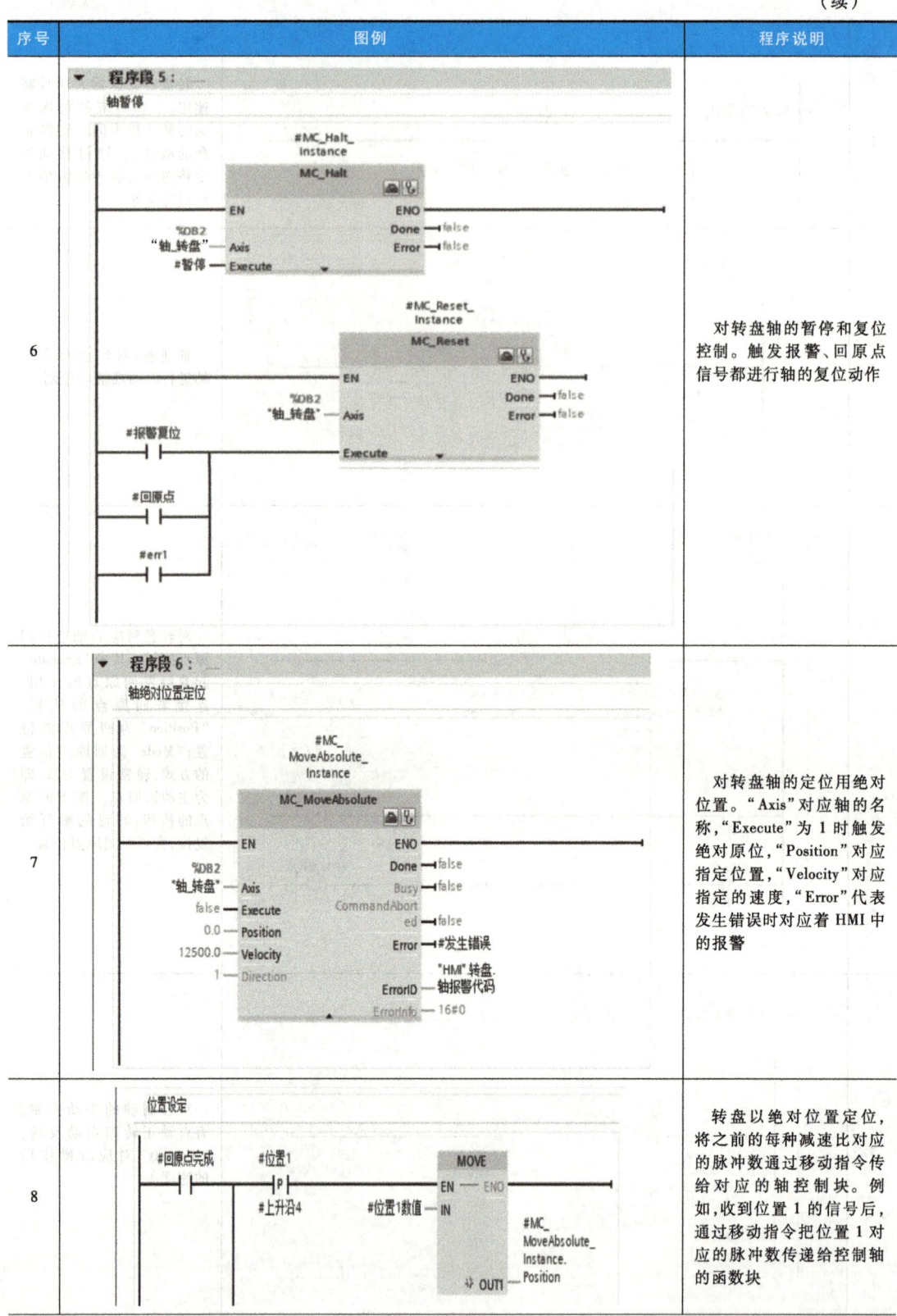 程序段5：轴暂停	对转盘轴的暂停和复位控制。触发报警、回原点信号都进行轴的复位动作
7	程序段6：轴绝对位置定位	对转盘轴的定位用绝对位置。"Axis"对应轴的名称，"Execute"为1时触发绝对原位，"Position"对应指定位置，"Velocity"对应指定的速度，"Error"代表发生错误时对应着HMI中的报警
8	位置设定	转盘以绝对位置定位，将之前的每种减速比对应的脉冲数通过移动指令传给对应的轴控制块。例如，收到位置1的信号后，通过移动指令把位置1对应的脉冲数传递给控制轴的函数块

(续)

序号	图例	程序说明
9	#回原点完成 #轴当前位置 #IEC_Timer_0_Instance TON Time IN Q #到达位置1 == Real #位置1数值 T#0.5s — PT ET — T#0ms	转盘位置到达,每当轴的位置到达指定的位置时,触发接通延时指令,延时0.5s,时间到达后再输出到达指定的位置。四个位置的控制相同

任务评价

1. 自我检查与评价

学生根据工作任务完成情况进行自我检查与评价,并将评分值记录于表6-17中。

表6-17 学生评价表

工作任务	考核内容	配分	评分标准	得分	备注
多工位旋转供料模块的设置	1. 安全意识与规范操作	10分	1)遵守实训室相关安全操作规范,5分 2)具备安全用电、规范操作的意识,5分		
	2. 多工位旋转供料模块的I/O信号设置	75分	1)能正确理解电动机控制原理,15分 2)正确使用I/O信号,20分 3)完成模块的PLC侧配置,20分 4)完成模块的PLC侧调试,20分		
	3. 职业规范与实训平台"6S"管理	15分	1)电工工具、扳手和器材摆放整齐,5分 2)做好气动设备及气动元器件维护,5分 3)实训平台"6S"管理,场地清理及打扫,5分		
			自我评分=(1~3项总分)×40%		

2. 小组检查与评价

同小组学生在自评基础上相互检查与评价,并将评分值记录于表6-18中。

表6-18 小组评价表

评价内容	配分	评分
1. 项目实施记录与客观自我评价	20分	
2. 多工位旋转供料模块的设置与调试	40分	
3. 团队协作、实践能力	20分	
4. 安全意识、态度认真、"6S"管理	20分	
小组评分=(1~4项总分)×30%		

3. 教师检查与评价

指导教师在学生自评与互评结果的基础上对其进行检查与综合评价,并将意见与评分值记录于表6-19中。

表6-19 教师评价表

教师总体评价		教师评价(30分)五级制：优秀(30~27)、良好(26~24)、中等(23~21)、及格(20~18)、不及格(18以下)	
		评价等级及分值	
总评分=自我评分+小组评分+教师评分			

任务反馈

项目学习情况	
心得与反思	

拓展训练

1. 简述多工位旋转供料模块中PLC侧TIA博途软件的配置步骤，并在软件中进行实操调试。
2. 简述步进电动机的原理，并查阅技术手册简述如何进行细分设置。
3. 如何进行步进电动机回原点操作、点动正转和点动反转？

任务四　电动机装配机器人工作站的编程应用

任务目标

1）掌握电动机装配机器人工作站的相关编程指令的应用。
2）掌握电动机装配机器人工作站I/O信号的配置。
3）能够根据工作任务要求，编制工业机器人电动机装配与入库应用程序。

任务准备

一、电动机装配机器人工作站准备与工作任务

现有电动机装配机器人工作站由FANUC工业机器人、多工位旋转供料模块、电动机装配模块、视觉检测模块、快换装置、仓储模块等组成。关节坐标系下工业机器人工作原点位

置为 [0°, 0°, 0°, 0°, -90°, 0°]。

快换装置模块中工业机器人手爪工具的放置位置如图 6-33 所示。

电动机装配机器人工作站控制要求如下。

(1) 工作站准备　本任务需要完成两套电动机模型的装配、视觉检测、称重和入库过程。手动将两个电动机定子放置在电动机装配模块电动机定子库位，两个电动机端盖放置在电动机装配模块电动机端盖库位，电动机转子随机放置在旋转供料料仓内。

(2) 工作站工作过程

1) 系统初始复位。手动操作将工业机器人移至安全位置，检查仓库内无工件，工业机器人末端无手爪工具，工业机器人返回至工作原点（关节坐标系下的工作原点位置为 [0°, 0°, 0°, 0°, -90°, 0°]），多工位旋转供料模块处于回归原点状态，电动机装配模块上定子等的摆放位置如图 6-34 所示。

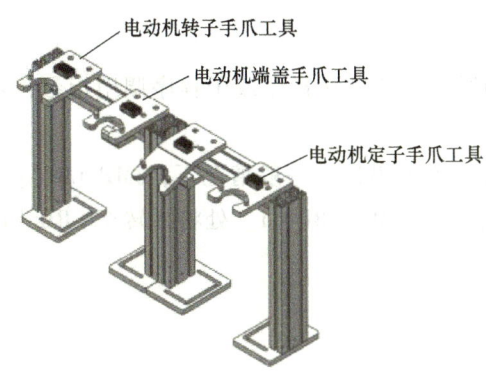

图 6-33　工业机器人手爪工具位置

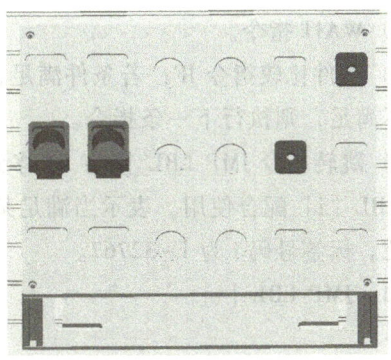

图 6-34　电动机装配模块布局图

2) 切换末端手爪工具。工业机器人末端移至快换装置，选择电动机转子手爪工具。

3) 电动机装配。工业机器人取出手爪工具后，多工位旋转供料模块立即开始运行，将电动机转子运送至工业机器人最近处，工业机器人前往抓取电动机转子装配到定子中，放置完成后工业机器人切换末端手爪工具从电动机装配模块上抓取端盖并将其装配到电动机转子上，完成一套电动机的装配。

4) 电动机视觉检测。工业机器人将装配成品电动机搬运至视觉检测模块，相机拍照，获取电动机装配匹配度，并在 HMI 上正确显示电动机是否合格的信息。

5) 电动机重量检测。相机拍照完成后，称重模块进行重量检测，并在 HMI 上正确显示重量数据。

6) 成品入库。视觉和重量检测完成后，工业机器人将合格的电动机放入立体库上层库位，不合格的放入立体库下层库位，完成一套电动机的装配检测和成品入库流程。

7) 放置手爪工具。成品入库后，工业机器人自动将手爪工具放入快换装置模块。

8) 第二套电动机成品入库。第一套电动机成品入库完成后，依次循环步骤 2)~6)，完成第二套电动机的装配检测和成品入库。

9) 系统结束复位。手爪工具放置完成后，工业机器人自动返回工作原点 [0°, 0°, 0°, 0°, -90°, 0°]。

10) 系统急停。若在工业机器人运行过程中按下急停按钮，则工业机器人立即停止，停止后须手动操作工业机器人返回工作原点［0°，0°，0°，0°，-90°，0°］，重新加载程序且系统复位后，重新执行步骤1）可再次运行工业机器人系统。

二、涉及的相关编程指令

涉及的相关编程指令如下。

1）L 线性运动指令。

2）J 关节运动指令。

3）C 圆弧运动指令。

4）机器人 I/O 指令。

5）数字 I/O 指令。

6）CALL 指令。

7）WAIT 指令。

8）条件比较指令 IF：若条件满足，则转移到所指定的跳跃指令或子程序调用指令；若条件不满足，则执行下一条指令。

9）跳转指令 JMP LBL［i］：转移到所指定的标签号码处。一般情况下，JMP LBL［i］须与 LBL［i］配合使用。表示当满足某条件时，程序在 JMP LBL［i］处将跳转至 LBL［i］标签处。标签号码 i 为 1~32767。

如：JMP LBL［i］

…

LBL［i］

任务分析

1. 工作计划

引导问题1：在电动机装配机器人工作站安装与配置过程中，如何建立整个工作站的通信连接，并进行通信地址 Ping 测试？

_____

_____

_____

引导问题2：规划电动机装配机器人工作站工作路径，并设计程序编辑流程图。

_____

_____

_____

2. 进行决策

引导问题1：分组讨论、分析电动机装配的装配路径与优化方法。

_____

_____

引导问题2：师生讨论并确定基于机器视觉的电动机装配机器人工作站的程序设计方法。

任务实施

1. 工作站I/O信号设置

电动机装配机器人工作站中各I/O信号的功能见表6-20。在编写程序过程中，根据实际需要设置各I/O信号。

表6-20　工作站各I/O信号功能表

信号	信号功能	信号	信号功能
DO[145]	转盘轴报警状态	DO[152]	转盘到位
DI[146]	转盘回到原点	GI_7 组信号地址 97~112	物料重量:0~1000 代表 0~5kg
DI[147]	转盘在运行状态		
DO[148]	转盘在位置1	RO[1]	机器人快换手爪工具信号
DO[149]	转盘在位置2	RO[3]	机器人手爪工具信号
DO[150]	转盘在位置3	DO[137]	转盘启动信号
DO[151]	转盘在位置4	DI[242]	视觉反馈信号

2. 电动机装配机器人工作站的示教要求及程序编写

（1）电动机装配机器人工作站示教要求

1）在进行电动机装配示教时，针对定子、转子和端盖的装配必须切换手爪工具。

2）工业机器人运行轨迹要求平缓流畅。

3）因该工作站涉及的目标点较多，可分解为多个子程序，每个子程序包含一个独立的目标点程序，在主程序中调用不同的子程序即可，程序结构清晰、利于查看修改。本项目将设置一个主程序和若干子程序。

（2）设计电动机装配机器人工作站程序流程　根据电动机装配机器人控制功能，设计程序流程图，如图6-35所示，其动作包括系统初始化、取手爪工具、电动机装配、视觉检测与入库、放手爪工具、工业机器人归位，动作结束。

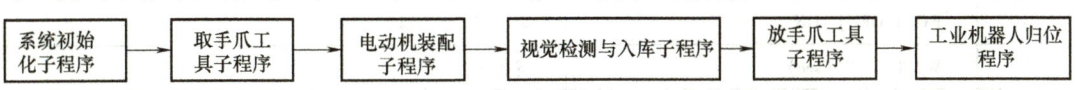

图6-35　电动机装配机器人工作站程序流程图

（3）工作站程序编写　电动机装配机器人工作站完成一套电动机装配的具体程序分为主程序与十二个子程序，工作站的具体程序见表6-21~表6-33。

表 6-21　主程序 RSR0001

程序行	指令	注释
1	CALL　INITIALIZE	调用系统初始子程序
2	CALL　PICKTOOL1	调用取 1 号手爪工具子程序
3	CALL　PICKZZ	调用装配电动机转子子程序
4	CALL　PLACETOOL1	调用放 1 号手爪工具子程序
5	CALL　PICKTOOL2	调用取 2 号手爪工具子程序
6	CALL　PICKGZ	调用装配电动机端盖子程序
7	CALL　PLACETOOL2	调用放 2 号手爪工具子程序
8	CALL　PICKTOOL4	调用取 4 号手爪工具子程序
9	CALL　PICKDJRK	调用电动机入库子程序
10	CALL　PLACETOOL4	调用放 4 号手爪工具子程序
11	J　PR[19]　100%　FINE	工业机器人回到 HOME 点
12	END	程序执行完毕

表 6-22　系统初始化子程序 INITIALIZE

程序行	指令	注释
1	R[1]=0	清除 R[1]的值
2	DO[242:OFF]=OFF	复位拍照信号
3	DO[152:OFF]=OFF	清除转盘到位信号
4	DO[137:OFF]=OFF	复位转盘启动信号
5	RO[1:OFF]=OFF	复位快换手爪工具信号
6	RO[3:OFF]=OFF	复位手爪工具信号
7	J　PR[19]　20%　CNT100	工业机器人回到 HOME 点
8	END	程序执行完毕

表 6-23　取 1 号手爪工具子程序 PICKTOOL1

程序行	指令	注释
1	J　P[1]　20%　CNT100	到达安全位置
2	J　P[2]　100%　CNT100	到达中间位置
3	L　P[3]　50mm/sec　FINE	到达抓取位置
4	RO[1:OFF]=ON	取 1 号手爪工具
5	WAIT　1.00(sec)	等待 1s
6	L　P[4]　50mm/sec　FINE	抬起 1 号手爪工具
7	L　P[5]　100mm/sec　FINE	移出 1 号手爪工具库
8	L　P[6]　100mm/sec　FINE	抬起至安全位置
9	J　PR[19]　100mm/sec　FINE	工业机器人回到 HOME 点
10	END	程序结束

表 6-24 装配电动机转子子程序 PICKZZ

程序行	指令	注释
1	DO[152:OFF] = OFF	清除转盘到位信号
2	WAIT 1.00(sec)	等待 1s
3	DO[137:OFF] = ON	转盘转动一次
4	WAIT DI[152:OFF] = ON	等到转盘转动到位
5	DO[152:OFF] = OFF	复位转盘到位信号
6	DO[137:OFF] = OFF	复位转盘转动信号
7	RO[3] = OFF	复位手爪工具信号
8	J P[1] 20% CNT100	到达安全位置 1
9	L P[3] 100mm/sec FINE	到达安全位置 3
10	L P[5] 100mm/sec FINE	到达抓取位置
11	RO[3:OFF] = ON	抓取转子
12	WAIT 1.00(sec)	等待 1s
13	L P[3] 100mm/sec FINE	到达至安全位置 3
14	L P[2] 100mm/sec FINE	到达放置中间位置 2
15	L P[4] 100mm/sec FINE	到达放置位置
16	RO[3:OFF] = OFF	气爪张开,装配转子
17	WAIT 1.00(sec)	等待 1s
18	L P[2] 100mm/sec FINE	移至中间位置 2
19	J PR[19] 100mm/sec FINE	工业机器人回到 HOME 点
20	END	程序结束

表 6-25 放 1 号手爪工具子程序 PLACETOOL1

程序行	指令	注释
1	J P[1] 20% CNT100	到达中间位置
2	J P[2] 100mm/sec FINE	移至接近 1 号手爪工具位置
3	L P[3] 100mm/sec FINE	到达 1 号手爪工具位置上方
4	L P[4] 100mm/sec FINE	到达 1 号手爪工具位置
5	RO[1:OFF] = OFF	放置 1 号手爪工具
6	WAIT 1.00(sec)	等待 1s
7	L P[5] 100mm/sec FINE	移至安全位置
8	J PR[19] 100mm/sec FINE	工业机器人回到 HOME 点
9	END	程序结束

表 6-26 取 2 号手爪工具子程序 PICKTOOL2

程序行	指令	注释
1	J P[1] 20% CNT100	安全位置
2	J P[2] 100% CNT100	中间位置

(续)

程序行	指令	注释
3	L P[3] 50mm/sec FINE	抓取位置
4	RO[1:OFF]=ON	取2号手爪工具
5	WAIT 1.00(sec)	等待1s
6	L P[4] 50mm/sec FINE	抬起2号手爪工具
7	L P[5] 100mm/sec FINE	移出2号手爪工具库
8	L P[6] 100mm/sec FINE	移至安全位置
9	J PR[19] 100mm/sec FINE	工业机器人回到HOME点
10	END	程序结束

表6-27 装配电动机端盖子程序PICKGZ

程序行	指令	注释
1	J P[1] 20% CNT100	安全位置1
2	RO[3]=OFF	复位手爪工具信号
3	L P[3] 100mm/sec FINE	安全位置3
4	L P[5] 100mm/sec FINE	抓取位置
5	RO[3:OFF]=ON	抓取电动机盖子
6	WAIT 1.00(sec)	等待1s
7	L P[3] 100mm/sec FINE	移至安全位置3
8	L P[2] 100mm/sec FINE	到达放置中间位置2
9	L P[4] 100mm/sec FINE	到达放置位置
10	RO[3:OFF]=OFF	气爪张开,装配电动机端盖
11	WAIT 1.00(sec)	等待1s
12	L P[2] 100mm/sec FINE	移至中间位置2
13	J PR[19] 100mm/sec FINE	工业机器人回到HOME点
14	END	程序结束

表6-28 放2号手爪工具子程序PLACETOOL2

程序行	指令	注释
1	J P[1] 20% CNT100	到达中间位置
2	J P[2] 100mm/sec FINE	移至接近2号手爪工具的位置
3	L P[3] 100mm/sec FINE	到达2号手爪工具位置上方
4	L P[4] 100mm/sec FINE	到达2号手爪工具位置
5	RO[1:OFF]=OFF	放置2号手爪工具
6	WAIT 1.00(sec)	等待1s
7	L P[5] 100mm/sec FINE	移至安全位置
8	J PR[19] 100mm/sec FINE	工业机器人回到HOME点
9	END	程序结束

表 6-29 取 4 号手爪工具子程序 PICKTOOL4

程序行	指令	注释
1	J P[1] 20% CNT100	到达安全位置
2	J P[2] 100% CNT100	到达中间位置
3	L P[3] 50mm/sec FINE	到达抓取位置
4	RO[1:OFF]=ON	取 4 号手爪工具
5	WAIT 1.00(sec)	等待 1s
6	L P[4] 50mm/sec FINE	抬起 4 号手爪工具
7	L P[5] 100mm/sec FINE	移出 4 号手爪工具库
8	L P[6] 100mm/sec FINE	抬起至安全位置
9	J PR[19] 100mm/sec FINE	工业机器人回到 HOME 点
10	END	程序结束

表 6-30 放 4 号手爪工具子程序 PLACETOOL4

程序行	指令	注释
1	J P[1] 20% CNT100	到达中间位置
2	J P[2] 100mm/sec FINE	移至接近 4 号手爪工具的位置
3	L P[3] 100mm/sec FINE	到达 4 号手爪工具位置上方
4	L P[4] 100mm/sec FINE	到达 4 号手爪工具位置
5	RO[1:OFF]=OFF	放置 4 号手爪工具
6	WAIT 1.00(sec)	等待 1s
7	L P[5] 100mm/sec FINE	移至安全位置
8	J PR[19] 100mm/sec FINE	工业机器人回到 HOME 点
9	END	程序结束

表 6-31 电动机成品入库子程序 PICKDJRK

程序行	指令	注释
1	J P[1] 20% CNT100	到达安全位置 1
2	RO[3]=OFF	复位手爪信号
3	L P[3] 100mm/sec FINE	到达安全位置 3
4	L P[5] 100mm/sec FINE	到达抓取位置
5	RO[3:OFF]=ON	抓取电动机成品
6	WAIT 1.00(sec)	等待 1s
7	L P[3] 100mm/sec FINE	移至安全位置 3
8	L P[2] 100mm/sec FINE	到达放置中间位置 2
9	L P[4] 100mm/sec FINE	到达放置位置
10	WAIT 1.00(sec)	等待 1s
11	RO[3:OFF]=OFF	气爪张开,放置电动机成品
12	WAIT 1.00(sec)	等待 1s
13	L P[2] 100mm/sec FINE	移至中间位置 2

(续)

程序行	指令	注释
14	DO[242:OFF]=ON	视觉检测模块开始拍照
15	WAIT 2.00(sec)	等待2s
16	DO[242:OFF]=OFF	复位视觉拍照信号
17	L P[4] 100mm/sec FINE	到达放置位置
18	RO[3:OFF]=ON	夹取电动机成品
19	WAIT 1.00(sec)	等待1s
20	L P[2] 100mm/sec FINE	移至安全位置
21	L P[6] 100mm/sec FINE	移至中间位置
22	IF DI[242:OFF]=ON,THEN	判断信号是否有输出。若有则调用合格电动机成品入库子程序 HGCP；若无则调用不合格电动机成品入库子程序 BHGCP
23	CALL HGCP	调用合格电动机成品入库子程序
24	ELSE	条件不满足
25	CALL BHGCP	调用不合格电动机成品入库子程序
26	ENDIF	判断结束

表6-32 合格电动机成品入库子程序 HGCP

程序行	指令	注释
1	J P[1] 20% CNT100	到达安全位置
2	J P[2] 100mm/sec FINE	到达中间位置
3	L P[3] 100mm/sec FINE	到达放置位置
4	RO[3:OFF]=OFF	放置合格的电动机成品
5	WAIT 1.00(sec)	等待1s
6	L P[4] 100mm/sec FINE	退出库位
7	L P[5] 100mm/sec FINE	回到安全位置
8	END	程序结束

表6-33 合格电动机成品入库子程序 BHGCP

程序行	指令	注释
1	J P[11] 20% CNT100	到达安全位置
2	J P[12] 100mm/sec FINE	到达中间位置
3	L P[13] 100mm/sec FINE	到达放置位置
4	RO[3:OFF]=OFF	放置不合格的电动机成品
5	WAIT 1.00(sec)	等待1s
6	L P[14] 100mm/sec FINE	退出库位
7	L P[15] 100mm/sec FINE	回到安全位置
8	END	程序结束

（4）工作站程序调试 工作站调试包括视觉检测和工业机器人程序调试，如图6-36所示。在进行工业机器人电动机装配相关参数设置和程序编辑后，对工业机器人进行现场编程

调试,首先实现一套电动机的搬运、装配、检测和入库过程,将第二套电动机装配作为子程序,在第一套的基础上只需重新示教修改定子、转子和端盖抓取放置等点位即可调试运行。最后电动机装配机器人切换至自动模式,使其自动运行完成以上任务。实训步骤如下:

1) 将各模块安装到桌面合适位置。
2) 将电动机装配手爪工具放置于快换装置内。
3) 使用机器视觉软件对检测电动机装配是否合格进行训练。
4) 使用示教器对电动机装配模块进行示教编程及集成调试。

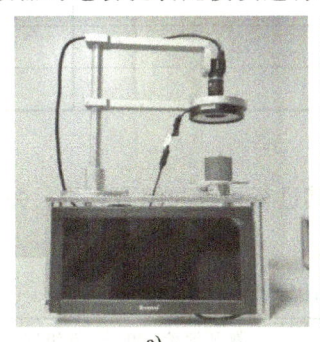
a)

b)

图 6-36 视觉检测和工业机器人程序调试

任务评价

1. 自我检查与评价

学生根据工作任务完成情况进行自我检查与评价,并将评分值记录于表 6-34 中。

表 6-34 学生评价表

工作任务	考核内容	配分	评分标准	得分	备注
电动机装配机器人工作站的编程应用	1. 安全意识与规范操作	10 分	1) 遵守实训室相关安全操作规范,5 分 2) 具备安全用电、规范操作的意识,5 分		
	2. 电动机装配机器人工作站的安装与配置	35 分	1) 完成工作站的安装与机械维护,10 分 2) 完成工作站电路测试,10 分 3) 完成工作站信号配置,15 分		
	3. 电动机装配机器人工作站的程序编写与运行	40 分	1) 完成电动机装配机器人工作站的转子装配编写与运行,10 分 2) 完成电动机装配机器人工作站的端盖装配程序编写与运行,10 分 3) 完成电动机装配机器人工作站的电动机检测程序编写与运行,10 分 4) 完成电动机装配机器人工作站的电动机入库程序编写与运行,10 分		
	4. 职业规范与实训平台"6S"管理	15 分	1) 电工工具、扳手和器材摆放整齐,5 分 2) 做好气动设备及气动元器件维护,5 分 3) 实训平台"6S"管理,场地清理及打扫,5 分		
	自我评分 = (1~4 项总分) × 40%				

2. 小组检查与评价

同小组学生在自评基础上相互检查与评价,并将评分值记录于表 6-35 中。

表 6-35 小组评价表

评价内容	配分	评分
1. 项目实施记录与客观自我评价	20 分	
2. 电动机装配机器人工作站的安装、程序运行情况	40 分	
3. 团队协作、实践能力	20 分	
4. 安全意识、态度认真、"6S"管理	20 分	
小组评分 =(1~4 项总分)×30%		

3. 教师检查与评价

指导教师在学生自评与互评结果的基础上对其进行检查与综合评价,并将意见与评分值记录于表 6-36 中。

表 6-36 教师评价表

教师总体评价		教师评价(30 分)五级制:优秀(30~27)、良好(26~24)、中等(23~21)、及格(20~18)、不及格(18 以下)	
		评价等级及分值	
总评分 = 自我评分 + 小组评分 + 教师评分			

任务反馈

项目学习情况	
心得与反思	

拓展训练

1. 简述电动机装配中是如何应用机器人直线运动指令和关节运动指令的,以及二者的运用区别?
2. 优化工业机器人取换手爪工具的程序,以实现快速取换。
3. 在电动机装配的整个程序中,机器视觉涉及的指令和 I/O。
4. 配合视觉检测结果,利用 IF 指令设计机器人智能入库程序。

项目七 工业机器人视觉分拣编程与操作

知识目标

1）了解工业机器人视觉分拣的特点。
2）掌握工业机器人视觉分拣应用的具体流程。
3）掌握视觉分拣机器人工作站的基础配置与布局。
4）掌握井式供料模块、输送模块、视觉检测模块的工作原理及应用。
5）掌握 DI、DO 指令的应用。
6）掌握工业机器人周边系统组态编程,并进行 I/O 配置进行程序设计。
7）掌握视觉分拣机器人工作站的应用编程及集成方法。

技能目标

1）能够根据工作任务要求,完成视觉分拣机器人工作站的基础设置。
2）能够熟练应用井式供料模块、输送模块以及视觉检测模块。
3）能够根据工作任务要求,运用工业机器人 I/O 信号设置电磁阀 I/O 参数,编写视觉分拣与人机界面等装置的程序。
4）能够根据工作任务要求,编写视觉分拣机器人工作站应用程序。
5）能够根据工艺流程调试要求,进行视觉分拣机器人工作站调试。

素养目标

1）认真编写视觉分拣机器人工作站程序,培养严谨细致的敬业精神。
2）培养热爱劳动的态度、总结归纳的能力、勇于探索的精神及数字化设计能力。
3）增强为人民服务的意识,培养协同合作的精神,多参与实训室清洁、维护保养活动,熟悉"6S"管理制度。

职业技能等级要求

工业机器人应用编程证书技能要求(中级)	
2.1.3	能够根据工作任务要求,通过组信号与 PLC 实现通信
2.3.1	能够根据工作任务要求,编制工业机器人与 PLC 等外部控制系统的应用程序

工业机器人现场编程与操作

(续)

工业机器人应用编程证书技能要求(中级)	
2.3.2	能够根据工作任务要求,编制工业机器人结合机器视觉等智能传感器的应用程序
2.3.4	能够根据工作任务要求,编制基于工业机器人的智能仓储应用程序
2.3.5	能够根据工作任务要求,编制工业机器人单元人机界面程序

项目描述

分拣作业是工业生产过程中的一个重要环节。基于机器视觉的工业机器人分拣与人工分拣作业相比,不但高效、准确,而且在质量保障、卫生保障等方面有着人工作业无法替代的优势。与传统的机械分拣作业相比,基于视觉的工业机器人分拣有适应范围广、随时能变换作业对象和变换分拣工序的优势。工业机器人视觉分拣技术是工业机器人技术和机器视觉技术的有机结合,在机械、食品、医药、化妆品等生产领域应用已经相当普及。

工业机器人视觉分拣技术通过对工件形状、位置和颜色进行识别,完成视觉分拣工件,并实现分拣后相同颜色工件入库。本项目所用工件种类如图 7-1 所示。

a) 黑工件　　b) 白工件

图 7-1　本项目所用工件种类

平台准备

本项目所用平台包括表 7-1 中各部分。

表 7-1　平台各部分的名称及外形图

名称	YL-18 机器人工作台	FANUC 工业机器人	快换装置模块
外形图			
名称	井式供料模块	输送模块	视觉检测模块
外形图			
名称	仓储模块(立体库)	手爪工具	
外形图			

— 158 —

任务一　视觉分拣机器人工作站布局与通信配置

任务目标

1）了解视觉分拣机器人工作站的基本组成及布局。
2）掌握工业机器人与 PLC 通信配置。
3）能够根据工作任务要求，完成视觉分拣机器人工作站的布局和通信配置。

任务准备

一、视觉分拣机器人工作站的组成

视觉分拣机器人工作站由 6 轴工业机器人、井式供料模块、手爪工具、视觉检测模块、输送模块、仓储模块等组成。将这些模块快速拆卸组合和更换为其他模块代替也能达到训练的目的，并且根据训练任务的不同可单独使用，也可自由组合使用。本次选用的为井式供料模块（圆形黑、白工件）和输送模块进行物料运输，然后由视觉检测模块进行分类入库的集成应用。将所选模块安装在桌面合适位置，将圆形手爪工具放置在 1 号夹具库，将各模块的型号线缆连接好，机械手抓取物料并进行黑、白工件的视觉检测，白色工件时输出信号，放置于立体库上层库位，黑色工件时不输出信号，放置于立体库下层库位。图 7-2 所示为视觉分拣机器人工作站中除工业机器人外的主要组成部分。

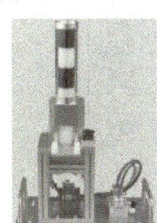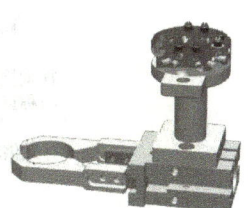

图 7-2　视觉分拣机器人工作站中除工业机器人外的主要组成部分

二、以太网通信

以太网是一种基带局域网技术，以太网通信是一种使用同轴电缆作为网络媒体，采用载波多路访问和冲突检测机制的通信方式，数据传输速率可达 1Gbit/s，可满足非持续性网络数据传输的需要。

比较通用的以太网通信协议是 TCP/IP 协议，TCP/IP 协议与开放系统互连（OSI）模型相比，采用了更加开放的方式，并被广泛应用于实际工程。TCP/IP 协议可以用在各种各样的信道和底层协议（如 T1、X.25 以及 RS-232 串行接口）上。确切地说，TCP/IP 协议是包括（传输控制协议 TCP）、互联网协议（IP）、用户数据报协议（UDP）、因特网控制消息协议（ICMP）和其他一些协议的协议组。

TCP/IP 协议并不完全符合 OSI 的七层参考模型。传统的 OSI 模型，是一种通信协议的七层抽象参考模型，其中每一层执行某一特定任务。该模型的目的是使各种硬件在相同的层次上相互通信。而 TCP/IP 协议采用了四层结构，每一层都呼叫它的下一层所提供的网络来完成自己的需求。这四层分别为：

（1）应用层　应用层为应用程序间沟通的层，如简单邮件传送协议（SMTP）、文件传输协议（FTP）、网络远程访问（Telnet）协议等。

（2）传输层　在此层中，TCP/IP 协议提供了结点间的数据传送服务，如 TCP、UDP 等，TCP 和 UDP 给数据包加入传输数据并把它传输到下一层中，这一层负责传送数据，并且确定数据已被送达并接收。

（3）网络层　网络层负责提供基本的数据包传送，让每一块数据包都能够到达目的主机（但不检查是否被正确接收），如 IP。

（4）接口层　接口层用于对实际网络媒体的管理，定义如何使用实际网络（如 Ethernet、Serial Line 等）来传送数据。

三、视觉分拣机器人工作站的桌面布局和搭建

视觉分拣机器人工作站的桌面布局如图 7-3 所示，也可以根据自己的想法进行桌面布局。模块不变，其编程原理就不变。本任务按图 7-3 搭建视觉分拣机器人工作站，并进行机器人与 PLC 通信配置。

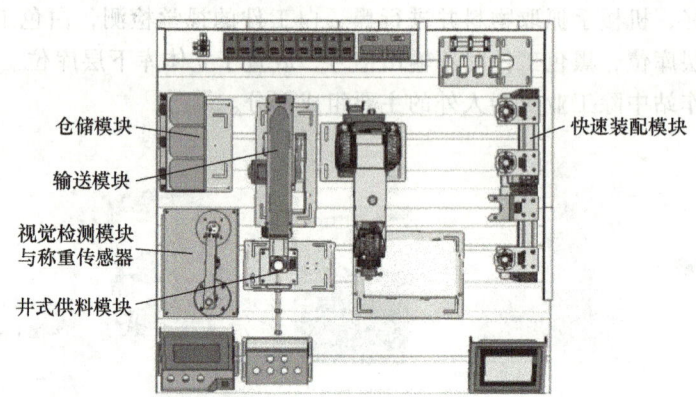

图 7-3　视觉分拣机器人工作站的桌面布局

任务分析

在了解工作站组成和布局的基础上，进行实物观察、记录，根据布局进行实物安装或者布局调整，并对工作站机器人、PLC 进行 Modbus TCP 和以太网通信配置、记录和测试。

1. 工作计划

引导问题 1：工业机器人的通信方式有哪些？

一台工业机器人的通信方式有很多种，通过通信编程可以跟外部信号建立网络进行互

联,实现信号传递和信息交换。视觉分拣机器人工作站要考虑工业机器人、PLC、视觉、计算机之间的通信畅通,以便精准地实现分拣功能,提高工作效率。

本项目工作站的通信方式的选择,还需要充分考虑现有 FANUC 工业机器人的实际情况。

_____

_____

引导问题2:学习工业机器人侧 Modbus TCP 通信方式应用。根据工作任务要求,如图7-4所示,在工业机器人示教器中进行 Modbus TCP 通信设置,并说明设置步骤。

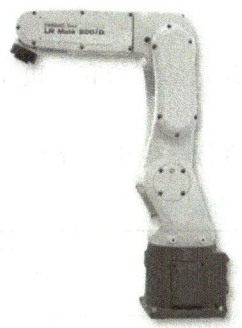
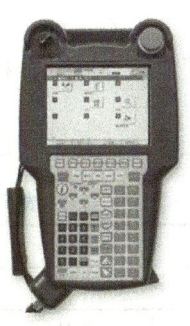

图 7-4　工业机器人侧 Modbus TCP 通信设置

_____

_____

引导问题3:根据工作任务要求,进行 PLC 侧 Modbus TCP 通信配置,如图7-5所示,说明设置步骤,并进行通信测试。

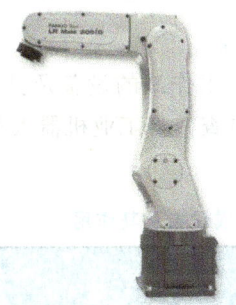

图 7-5　PLC 侧 Modbus TCP 通信设置

_____

_____

2. 进行决策

引导问题1:分组讨论该视觉分拣机器人工作站各模块功能、安装步骤,分析视觉分拣工艺路径是否合理。

引导问题 2：师生讨论并确定视觉分拣机器人工作站的电气线路安装和通信设置测试的步骤。

任务实施

1. 项目学习准备

1）指导教师事先了解教学视觉分拣机器人工作站的实物和周边环境，做好预案（观察路线、学生分组等）。

2）指导教师对操作的安全规范做出要求，并进行学生任务分配，分配表见表 7-2。

表 7-2　学生任务分配表

班级		组号			指导教师	
组长		学号				
组员	姓名	学号	姓名	学号	姓名	学号
任务分工						

2. 认识、观察视觉分拣机器人工作站的组成与布局

根据实训室或生产现场的观察，将视觉分拣机器人工作站的设备及其作用记录在表 7-3 中，并将实训室中的各设备按照规定布局合理安装与检查，将工业机器人外部设备的主要功能及电气连接情况记录在表 7-4 中。

表 7-3　视觉分拣机器人工作站各组成设备及其作用

设备	设备作用

表7-4 工业机器人外部设备记录表

外部设备	主要功能	电气连接情况

3. 以太网通信配置

使用以太网前，需要使用通信参数配置软件配置其 IP 地址及其端口号。在系统中，已配置其 IP 地址为 192.168.8.99。若模块 IP 未知，则需要恢复出厂设置后重新配置。以太网通信配置的步骤如下：

1）在示教器上按［MENU］（菜单）键，选择"6 设置"→"8 主机通信"，进入设置协议的界面，如图 7-6 所示。

2）选中"TCP/IP"，按［F3］（详细），在图 7-7 所示的界面中修改 IP 地址为"192.168.8.99"，修改子网掩码为"255.255.255.0"。

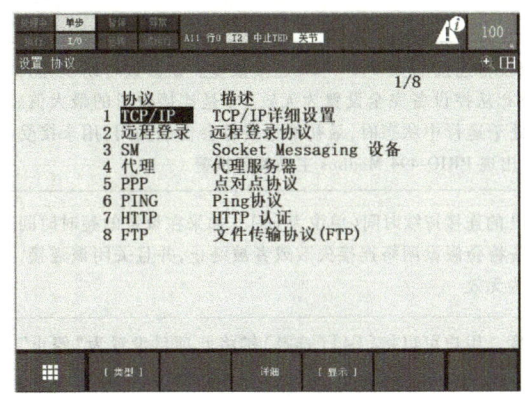

图 7-6 设置协议界面

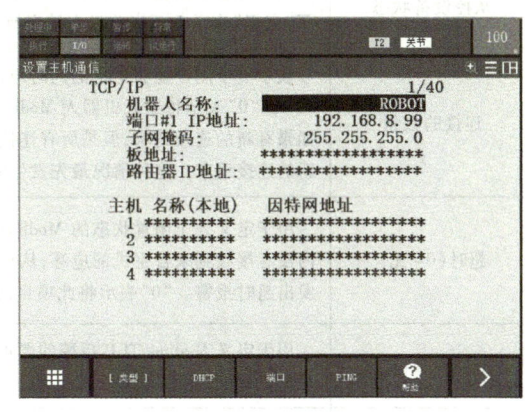

图 7-7 设置主机通信界面

4. 设置 Modbus TCP（工业机器人侧）

设置 Modbus TCP 从控（工业机器人侧），图 7-8 所示为 Modbus TCP 从控设备设定界面。

1）按［MENU］（菜单）键，选择"I/O"，按［F1］（类型）键，然后选择"Modbus TCP"。

2）根据表 7-5 中的提示进行界面设定，如图 7-9 所示。

3）重启控制器，使修改生效。

5. 设置 Modbus TCP（PLC 侧）

当工业机器人侧的 Modbus TCP 的连接数量设置为 1 或更大时，工业机器人将准备接受 Modbus TCP 客户端连接。Connect 变量数据含义见表 7-6。

配置西门子 1200 PLC 的步骤如下：

1）新建 PLC 项目，添加 CPU 模块，将 IP 地址设置为与工业机器人同一网段，将工业机器人 IP 地址为"192.168.8.99"，如图 7-10 所示。

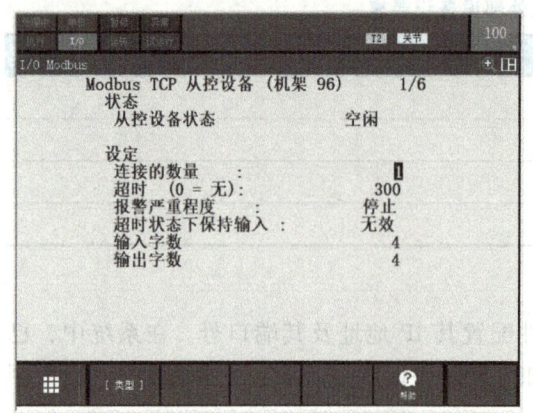
图 7-8 Modbus TCP 从控设备设定界面

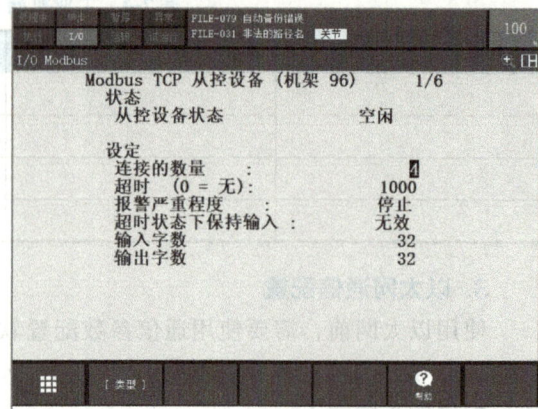
图 7-9 Modbus TCP 从控设备界面设定

表 7-5 Modbus TCP 从控设备界面设定

字段名	描述
从控设备状态	从属状态字段包含"运行""空闲"两种。"运行"表示 I/O 正在与 Modbus TCP 主机进行交换，而"空闲"表示 I/O 当前没有被交换
连接的数量	表示一个用户能够指定的同时与从控设备连接的 Modbus TCP 连接数量。该参数可以设置为 0~4。"0"表示将工业机器人 Modbus TCP 从控设备完全设置为无效。4 是连接数量的最大值。如果有新的连接请求，但是所有连接都处于运行中状态时，最初的连接会自动关闭，用来接受新的连接请求。这种情况最先发生时会出现 PRIO-494 Modbus 主动关闭报警
超时(0=无)	用于定义处于闲置状态的 Modbus TCP 的连接持续时间（单位为 ms）。如果在设定的超时时间内没有接收到来自主机的应答，从控设备将会假设网络连接失败或者被终止，并且关闭该连接，发出超时报警。"0"表示将此项目设置为无效
报警严重程度	用于定义 Modbus TCP 报警的严重程度。用户可以按［F4］（选择）键将此项目设置为"停止""警告"或者"暂停"
超时状态下保持输入	用于设置超时状态下有关输入的处理。当此项目设置为"无效"（不保持）时，如果发生超时错误，所有 Modbus TCP 的输入将被设置为"0"。否则，将此设置为其原有状态
输入字数	用于指定分配给数字输入的字节数。在此背景下，每一个字节将由 16 位组成，所以输入 4 字节的时候，将有 64 位数字输入点分配给机架 96，其在插槽 1。连接在从控设备上的所有主机装置将访问此输入数据
输出字数	用于指定分配给数字输出的字节数。在此背景下，每一个字节将由 16 位组成，所以输出 4 字节的时候，将由 64 位数字输出点分配给机架 96，其在插槽 1。连接在从控设备上的所有主机装置将访问此数字输出数据

2）在程序列表中新建数据块，并在数据块内创建名为"connect"且数据类型为"TCON_IP_v4"的变量，展开变量修改初始值（注：类型"TCON_IP_v4"需要手动输入），如图 7-11 所示。

3）打开 Main 程序，创建 PLC 程序。读块和写块的数据块相同，可将读块的数据块直接复制给写块。此处程序主要功能是将工业机器人的 DO 信号读取到 PLC 的 M100 开始的 10 个字节中，如图 7-12 所示。

表 7-6　Connect 变量数据含义表

变量数据	含义
InterfaceId	CPU 的硬件标示符，默认 64（十进制）
ID	连接 ID，和所要连接的服务器 ID 一致（指令"MB_CLIENT"的每个实例都必须使用唯一的 ID）
ConnectionType	连接类型，默认"16#0B"就是 MODBUS-TCP 类型
ActiveEstablished	是否主动建立连接（服务器"0"不主动，客户机"1"主动）
RemoteAddress	客户机连接的服务器 IP 地址，可以 16#格式也可以直接填写十进制数值，如"16#C0.16#A8.16#08.16#01"和"192.168.8.1"是一样的
RemotePort	远程连接的端口号（取值范围：1~49151）。使用客户端通过 TCP/IP 协议与其建立连接并最终通信的服务器的 IP 端口号（默认值：502）
LocalPort	本地连接的端口号（取值范围：1~49151）。任意端口的话，应将"0"用作端口号

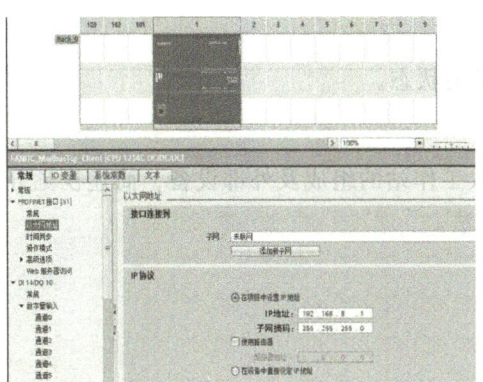

图 7-10　步骤一　　　　　　　　　　　图 7-11　步骤二

4）将 PLC 的 M200 开始的 10 个字节写入到工业机器人的 DI 信号中，如图 7-13 所示。

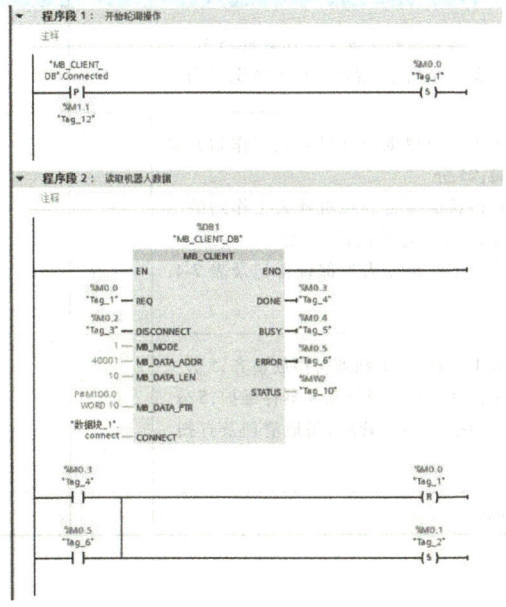
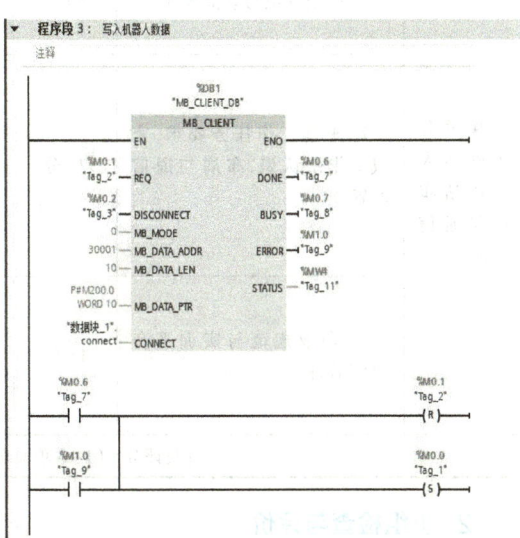

图 7-12　步骤三　　　　　　　　　　　图 7-13　步骤四

5）将通信块 MB_CLIENT_DB 的数据块中的"MB_Unit_ID"的值修改为"16#01"，本例中背景数据块为 DB1，如图 7-14 所示。

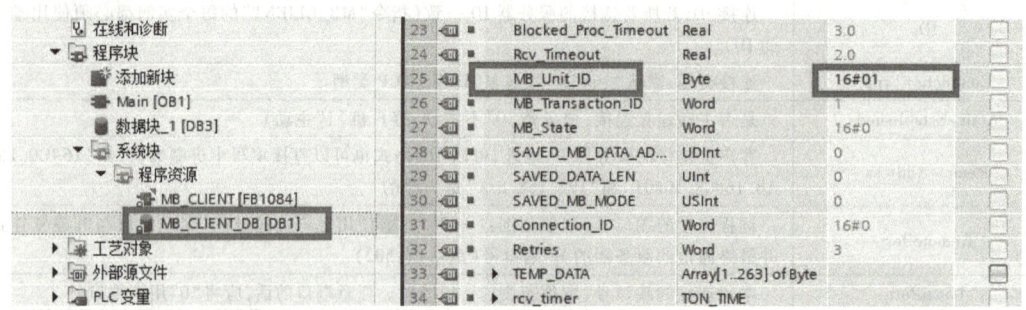

图 7-14　步骤五

6）编译并下载 PLC 程序，在监控表中监控变量的状态。

6. 实训总结

学生分组，每个人讲述所观察的视觉分拣机器人工作站的组成及外部设备，简述视觉分拣机器人工作站的 Modbus TCP 和以太网通信设置方法。

任务评价

1. 自我检查与评价

学生根据工作任务完成情况进行自我检查与评价，并将评分值记录于表 7-7 中。

表 7-7　小组评价表

工作任务	考核内容	配分	评分标准	得分	备注
视觉分拣机器人工作站布局与通信配置	1. 安全意识与规范操作	10 分	1）遵守实训室相关安全操作规范，5 分 2）具备安全用电、规范操作的意识，5 分		
	2. 根据工作任务要求，完成工作站认识、布局与通信配置	75 分	1）正确认识视觉分拣机器人工作站并完成布局，25 分 2）正确认识视觉分拣机器人工作站的电气连接，并完成通信设置，30 分 3）完成工业机器人外部设备记录表 7-4，20 分		
	3. 职业规范与实训平台"6S"管理	15 分	1）电工工具、扳手和器材摆放整齐，5 分 2）做好气动设备及气动元器件维护，5 分 3）实训平台"6S"管理，场地清理及打扫，5 分		
	自我评分 = （1～3 项总分）×40%				

2. 小组检查与评价

同小组学生在自评基础上相互检查与评价，并将评分值记录于表 7-8 中。

表 7-8　小组评价表

评价内容	配分	评分
1. 项目实施记录与客观自我评价	20 分	
2. 视觉分拣机器人工作站的布局和通信配置	40 分	
3. 团队协作、实践能力	20 分	
4. 安全意识、态度认真、"6S"管理	20 分	
小组评分 =（1~4 项总分）×30%		

3. 教师检查与评价

指导教师在学生自评与互评结果的基础上对其进行检查与综合评价，并将意见与评分值记录于表 7-9 中。

表 7-9　教师评价表

教师总体评价		教师评价（30 分）五级制：优秀（30~27）、良好（26~24）、中等（23~21）、及格（20~18）、不及格（18 以下）
		评价等级及分值
总评分 = 自我评分 + 小组评分 + 教师评分		

任务反馈

项目学习情况	
心得与反思	

拓展训练

1. 查阅资料，了解什么是视觉分拣机器人，及它在智能制造工厂有什么作用。
2. 如何利用以太网进行工业机器人、视觉、PLC 等的组网？简述组网过程。
3. 以太网通信模块配置具体有哪几步？关键点在哪里？
4. 绘制视觉分拣机器人工作站的电气原理图，并罗列出主要的外围设备及类型。

任务二　人机界面与视觉检测模块的设置

任务目标

1) 掌握人机界面的概念与功能。

2）掌握合理设计人机界面、连接人机界面和 PLC 通信、关联人机界面功能按钮和 PLC 变量的方法。

3）能够根据工作任务要求，完成黑白工件的视觉特征匹配检测。

任务准备

一、人机界面的概念

人机界面（Human Machine Interface，HMI）也称"人机接口"，它是工业机器、设备等和用户之间进行信息交互和转换的媒介，能够实现信息的内部形式与人类可以接受的形式之间的转换。一般情况下 HMI 也称为触摸屏。HMI 通常和 PLC 进行连接交互，通过 HMI，用户就可直观地获取 PLC 中相关变量以及程序执行情况的具体信息，当然，用户也可以通过 HMI 直接对变量或程序进行更改、控制等操作。PLC 和 HMI 的硬件如图 7-15 所示。

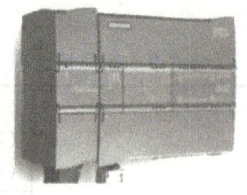
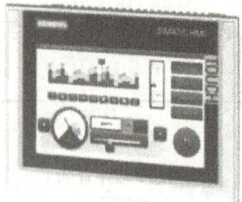

a) PLC　　　　　　　　b) HMI

图 7-15　PLC 与 HMI 的硬件

二、机器视觉 I/O 连接

海康威视机器视觉系统信号传输主要通过相机控制器和光源、机器人、PLC 等外围设备，其主要接口主要包括 USB 口、千兆网口、光源接口、HDMI 接口、设备重启开关、I/O 接口、RS-232 接口、RS-485 接口以及电源接口等。

机器视觉 I/O 接口主要有 11 个引脚，各个引脚的定义见表 7-10，主要包括 4 个输入信号、4 个输出信号、1 个输入地、1 个输出地以及 1 个输出电源正极。

表 7-10　机器视觉 I/O 接口

引脚编号	信号名称	说明	引脚编号	信号名称	说明
1	DI1	输入 1	2	DO2	输出 2
2	DI2	输入 2	3	DO3	输出 3
3	DI3	输入 3	4	DO4	输出 4
4	DI4	输入 4	C	COMMON	输出电源正极
G	IN_GND	输入地	G	OUT_GND	输出地
1	DO1	输出 1			

机器视觉 I/O 接口以 PNP 型输入为例，其接线如图 7-16 所示，光耦输出作为信号的外部接线如图 7-17 所示。

三、VisionMaster 机器视觉处理模块

VisionMaster 机器视觉处理功能模块中包含了视觉处理工具集合，能对算法进行模块化封装，方便用户使用。处理功能中包含定位、测量、识别、标定、图像处理、颜色处理、逻

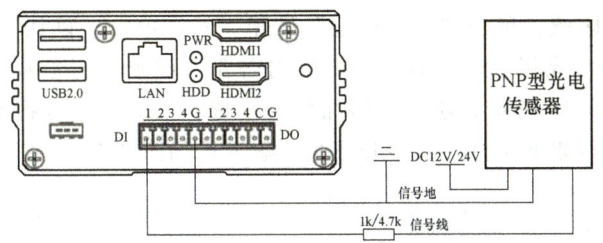

图 7-16　PNP 型输入接线图

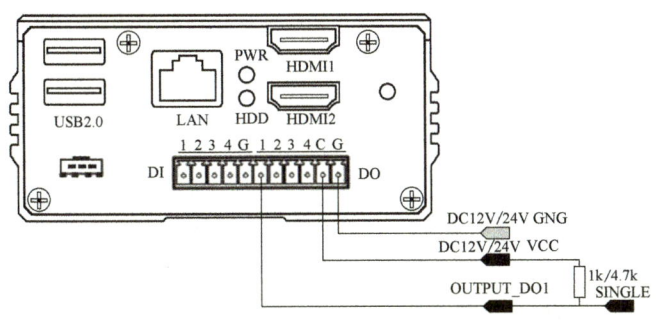

图 7-17　光耦输出作为信号的外部接线

辑工具和通信等工具组。

以特征匹配为例,特征匹配主要包含高精度特征匹配和快速特征匹配等,它使用图像的边缘特征作为模板,按照预设的参数确定搜索空间,在图像中搜索与模板相似的目标,可用于定位、计数和判断有无等。高精度特征匹配的特性为匹配精度高,但其运行速度会比快速特征匹配慢些。通过模板图像的几何特征学习模型,对目标图像进行查找匹配,操作步骤大致如下:

(1) 搭建特征匹配查找流程　特征匹配查找的使用流程大致如图 7-18 所示,将特征匹配模块拖入编辑区域,使用操作线将图像源和特征匹配生成连接。然后双击特征匹配工具配置参数。

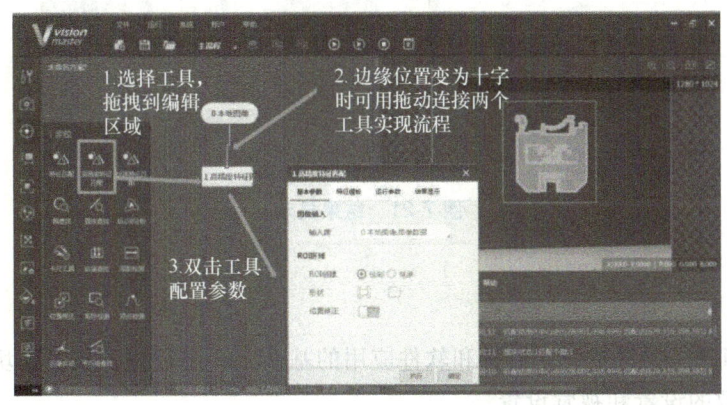

图 7-18　搭建特征匹配查找流程

(2) 模型训练　双击高精度特征匹配模块,进入高精度特征匹配参数配置界面。初次使用时需要编辑模板,单击"特征模板"按钮,单击"创建"按钮,进入模板配置界面。

选中需要编辑的模板区域，单击"训练模型"按钮，然后单击"确认"按钮即可。

（3）模板匹配　生成相应模板后，还要根据需要去设置运行参数，从而达到搜寻到所需模板的目的，如图 7-19 所示。还可以增加候选模板，第一个模板搜索失败后可以启用候选模板。将下方高级参数下拉打开，展开更多参数设置如图 7-20 所示。

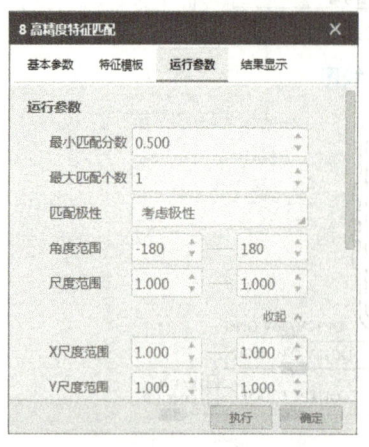

图 7-19　设置运行参数

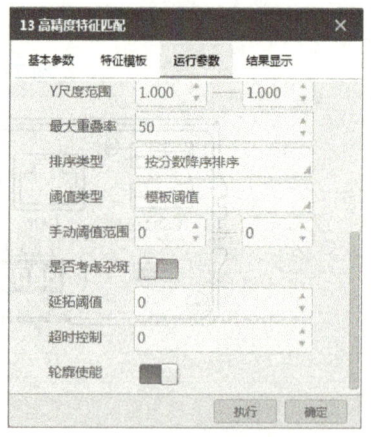

图 7-20　查看高级参数

（4）结果显示　特征匹配结果判断常采用数量判断、角度判断、尺度判断，高级的参数变量为 X/Y 尺度判断、分数判断、匹配点 X/Y 判断、中心点 X/Y 判断，可根据所需要的范围进行设置，判断检测成功的范围。图像显示可以调节是否显示检测区域、匹配结果、匹配点、匹配轮廓点等，还可以编辑显示的位置和颜色，如图 7-21 所示。

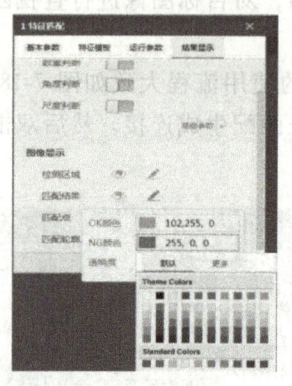 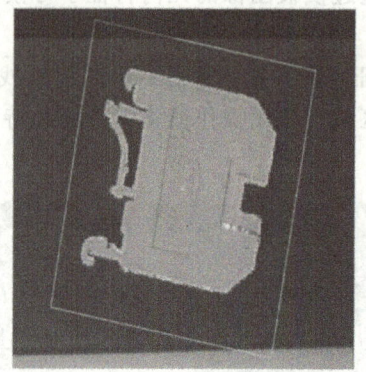

图 7-21　结果显示

任务分析

在了解 HMI、机器视觉 I/O 连接和软件应用的基础上，进行视觉检测模块参数配置，以及 HMI 相关参数的设置和视觉设置。

1. 工作计划

引导问题 1：根据实训室现场已有设备，查阅人机界面的型号、界面设置方法和硬件连接方式。

引导问题 2：人机界面与视觉检测模块建立通信连接后，如何在人机界面中设置视觉反馈参数？

引导问题 3：VisionMaster 软件的功能如图 7-22 所示，简述视觉分拣的方法。

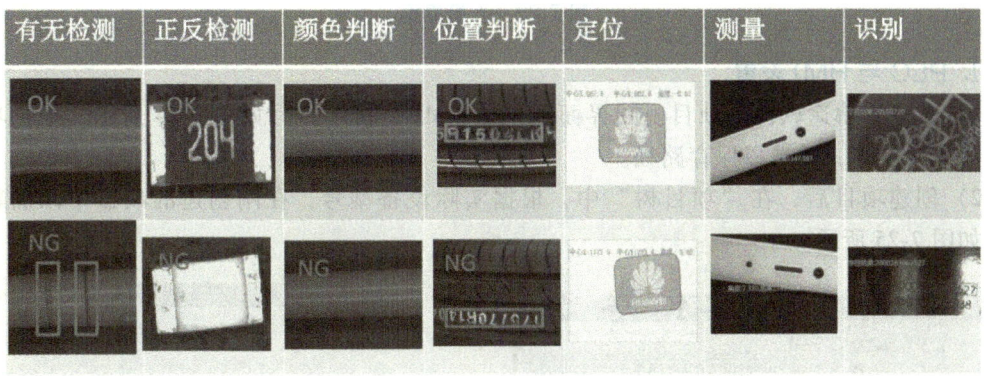

图 7-22　VisionMaster 软件的功能

2. 进行决策

引导问题 1：分组讨论该人机界面的设计步骤、PLC 与 HMI 设置和关联步骤。

引导问题 2：师生讨论并确定黑、白工件的视觉特征匹配方法。

任务实施

本任务是通过 TIA 博途软件，通过 PLC 与 HMI 设置、关联 HMI 功能按钮和 PLC 变量等方法，设置人机界面，如图 7-23 所示。以视觉分拣机器人工作站 HMI 为例展示其具体创建过程。

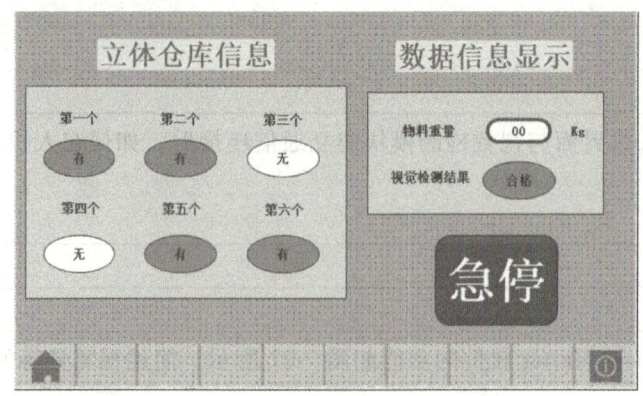

图 7-23 人机界面

1. PLC 与 HMI 设置

1）在 TIA 博途软件的项目视图界面下创建 HMI 的新项目，如图 7-24 所示，根据项目需求为项目命名，并选择保存路径。

2）创建项目后，在"项目树"中，根据实际设备型号，在刚创建的项目中添加新设备，如图 7-25 所示。

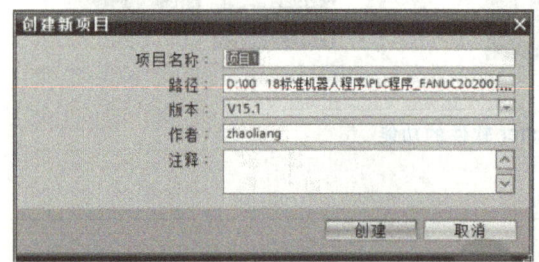

图 7-24 创建新项目

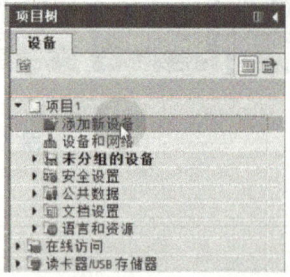

图 7-25 添加新设备

3）根据实际硬件型号选择对应的版本号，此处可选用西门子 1200。

4）根据实际型号添加相应的触摸屏设备，此处可选用 SIMATIC HMI。

5）将 HMI 触摸屏与 PLC 进行连接，完成 HMI 触摸屏与 PLC 硬件设备的设置。

6）根据项目需求，可以删除模板中不必要的元素，可以得到一个空的根界面。此处以添加按钮为例，在项目界面右侧"工具箱"窗口的"元素"下选择按钮，可以根据需求将按钮重命名（此处命名为"启动"），然后为按钮设置合适的边框及字体大小，如图 7-26 所示。

2. 关联 HMI 功能按钮和 PLC 变量

1）配置 PLC 变量表。在"项目树"中的 PLC 设备中打开"默认变量表"，配置按钮对应的信号参数，此处"启动"按钮的地址设置为"Q0.0"。

2）关联"启动"按钮和"启动"变量。实践操作时，工作人员按下"启动"按钮，即为一个"事件"，因此需设置"事件"标签中的"按下"为"置位"，并且在"变量"位置选择 PLC 设备中创建好的"启动"变量，即完成 HMI 中"启动"按钮和 PLC 变量"启动"之间的一个动作关联，如图 7-27 所示。

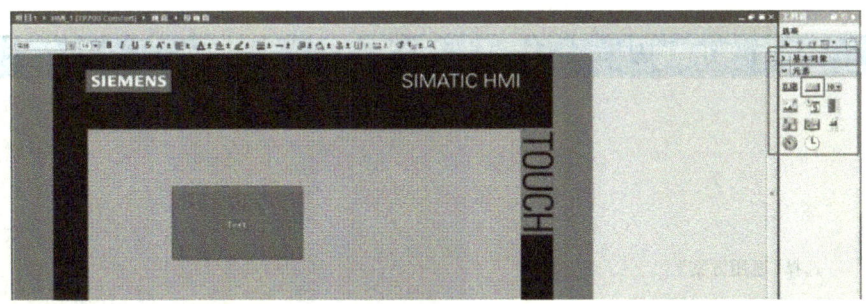

图 7-26 界面添加并设置按钮

图 7-27 关联"启动"按钮和"启动"变量

3）用相同方法设置"事件"标签中的"释放"为"复位"。

在"变量（输入/输出）"位置选择 PLC 设备中创建好的"启动"变量，即完成 HMI "启动"按钮和 PLC 变量"启动"之间的完整动作关联，即按下和释放 HMI "启动"按钮时，分别将 PLC 变量"启动"置为"ON"和"OFF"。

根据上述方法，可以添加配置完整的 HMI 项目，内容包括设计 HMI 并配置相关变量，实现 HMI 上正确显示仓储模块仓位信息、称重数据、视觉检测颜色信息。同时打开视觉调试软件，将工件正确放置到输送带末端，对工件进行学习训练，并获取工件相关特征数据。

3. 黑、白工件的视觉特征匹配检测

配置好相机参数后，保存数据并断开相机连接，回到 VisionMaster 软件中进行视觉特征匹配检测。主要模块包括选择相机图像、快速特征匹配、条件检测、发送数据。视觉特征匹配检测的操作步骤见表 7-11。

表 7-11 视觉特征匹配检测的操作步骤

操作步骤	操作说明	图例
1	打开 VisionMaster 3.2.0 软件	

（续）

操作步骤	操作说明	图例
2	选择"通用方案"	
3	添加"相机图像"，此处以"本地图像"代替，实际项目中请选择"相机图像"，效果相同	
4	添加"快速特征匹配"，并与"本地图像"模块相连	
5	为"快速特征匹配"模块创建特征模板，并设置参数	

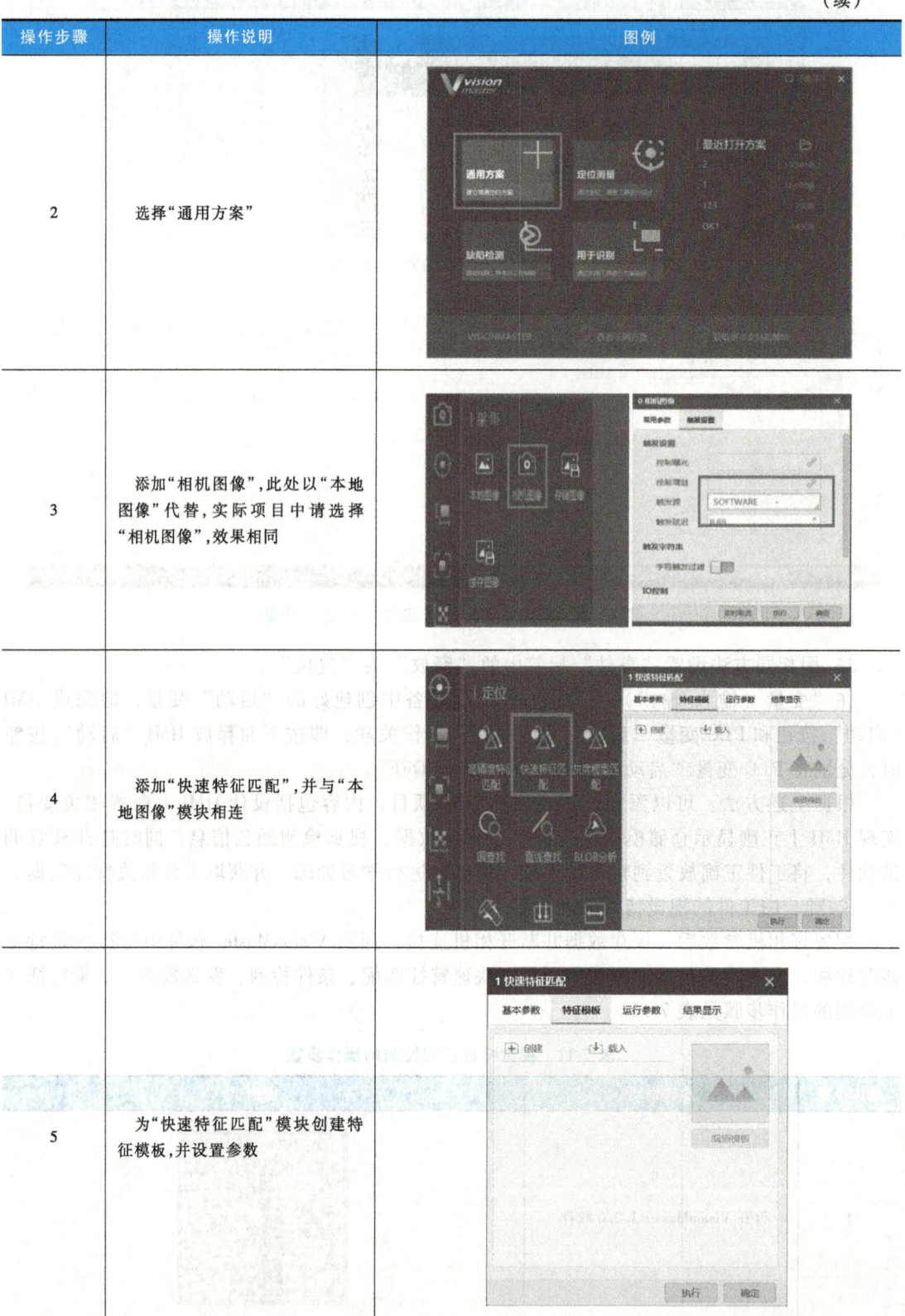

(续)

操作步骤	操作说明	图例
6	添加"发送数据"并将其与"快速特征匹配"模块相连,暂时不设置"发送数据"模块的参数	
7	单击任务栏上方的"通信管理"按钮,在"设备列表"中单击"+"按钮,增加通信协议	
8	添加一个类型为"TCP 客户端"的协议,并按照图中进行设置,其中"设备名称"设置为"TCP_0","目标端口"设置为"502","目标IP"设置为"192.168.8.1",最后单击"创建"按钮	

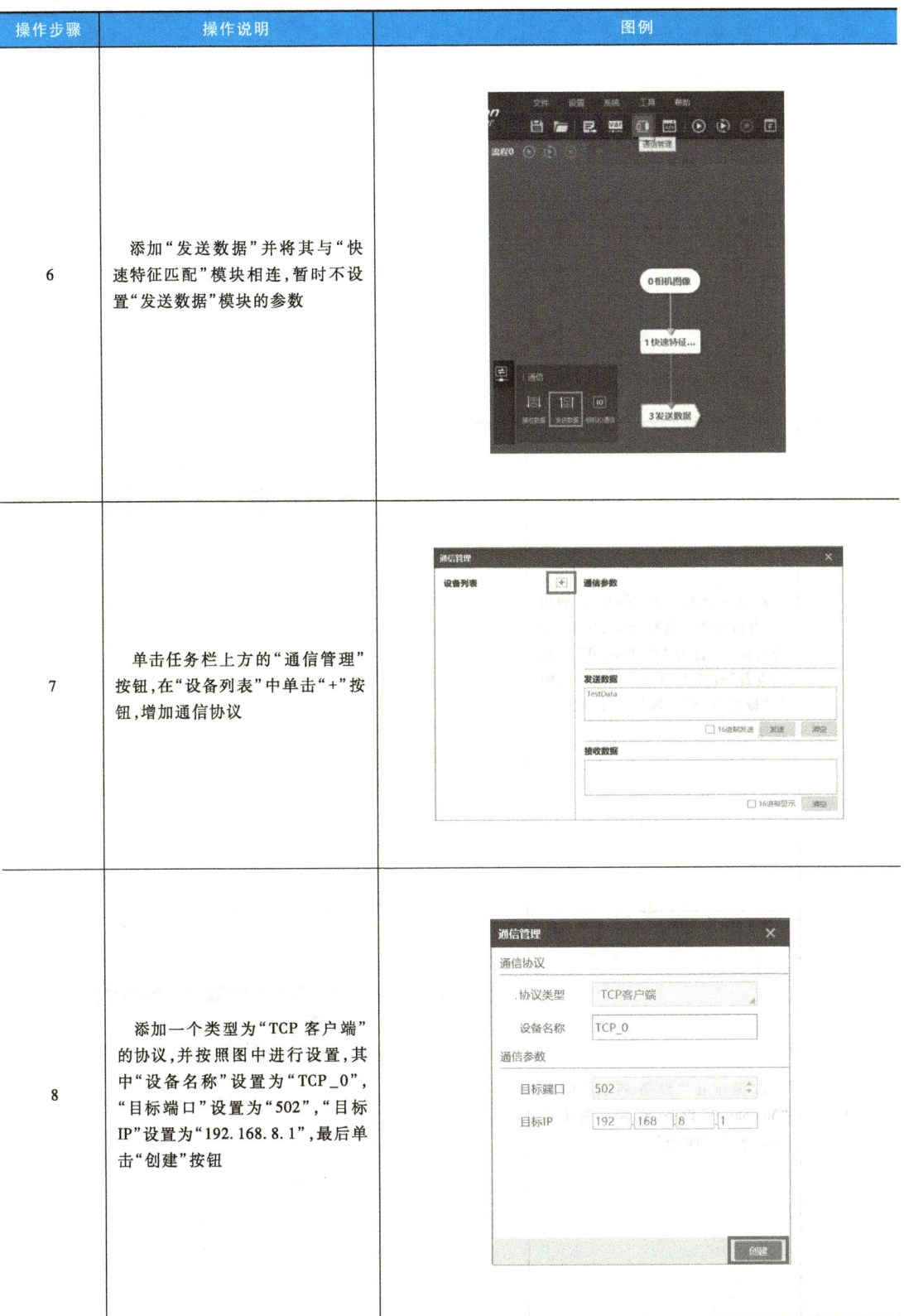

（续）

操作步骤	操作说明	图例
9	接着再次单击"设备列表"中的"+"按钮	
10	添加一个类型为"Modbus"的协议，并按照图中进行设置，其中"设备名称"设置为"Modbus_0"，"通信设备"设置为"TCP_0"，"超时时间"设置为"50"，最后单击"创建"按钮	
11	右键单击"设备列表"中的"Modbus_0"设备，在弹出的菜单中选择"添加地址"	

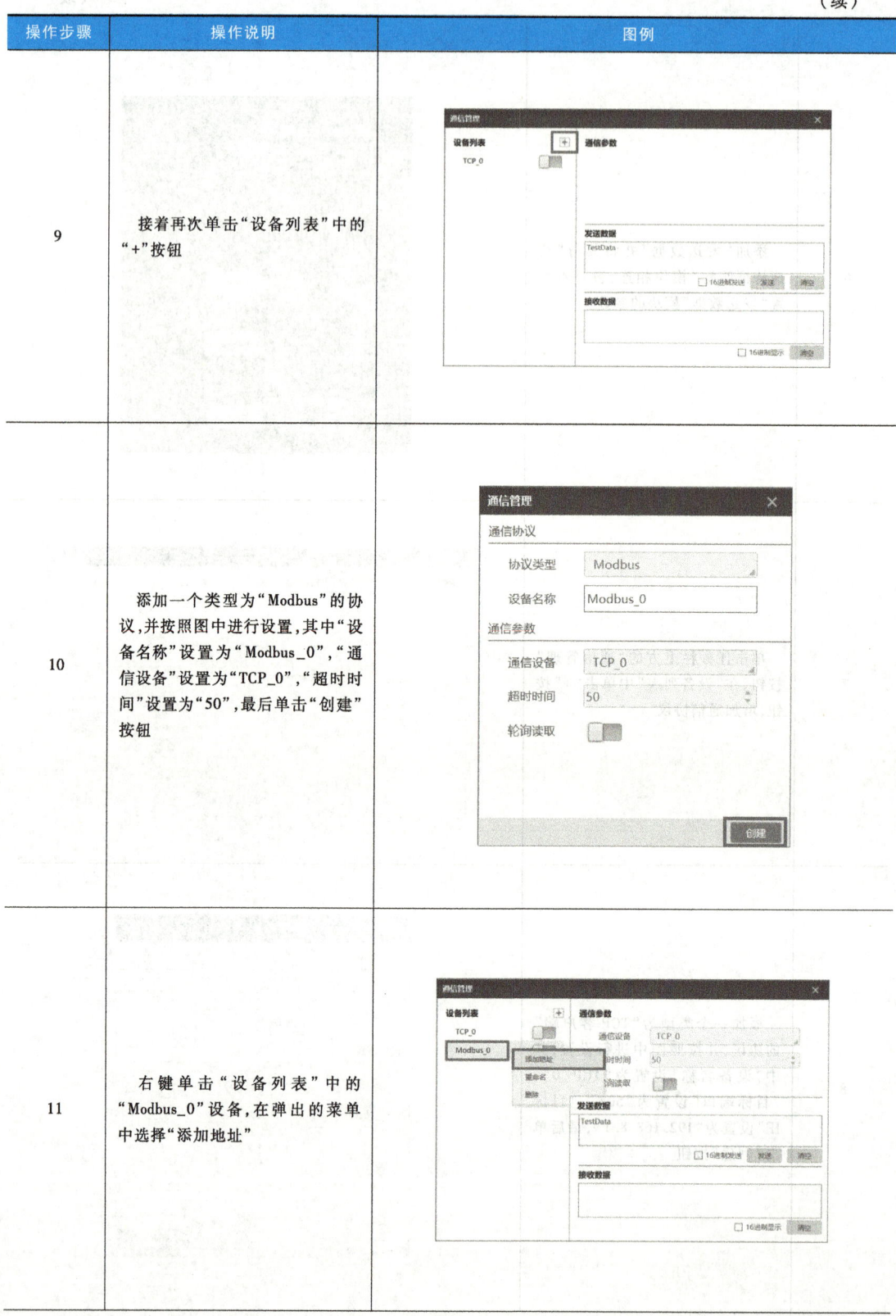

（续）

操作步骤	操作说明	图例
12	按照图中进行设置，其中"设备名称"设置为"write_0"，"功能码"设置为"0x10:写多个寄存器"，"主从模式"设置为"主机"，"协议选择"设置为"RTU"，"设备地址"设置为"2"，"寄存器地址"设置为"0"，"寄存器个数"设置为"4"，最后单击"创建"按钮，并关闭"通信管理"界面	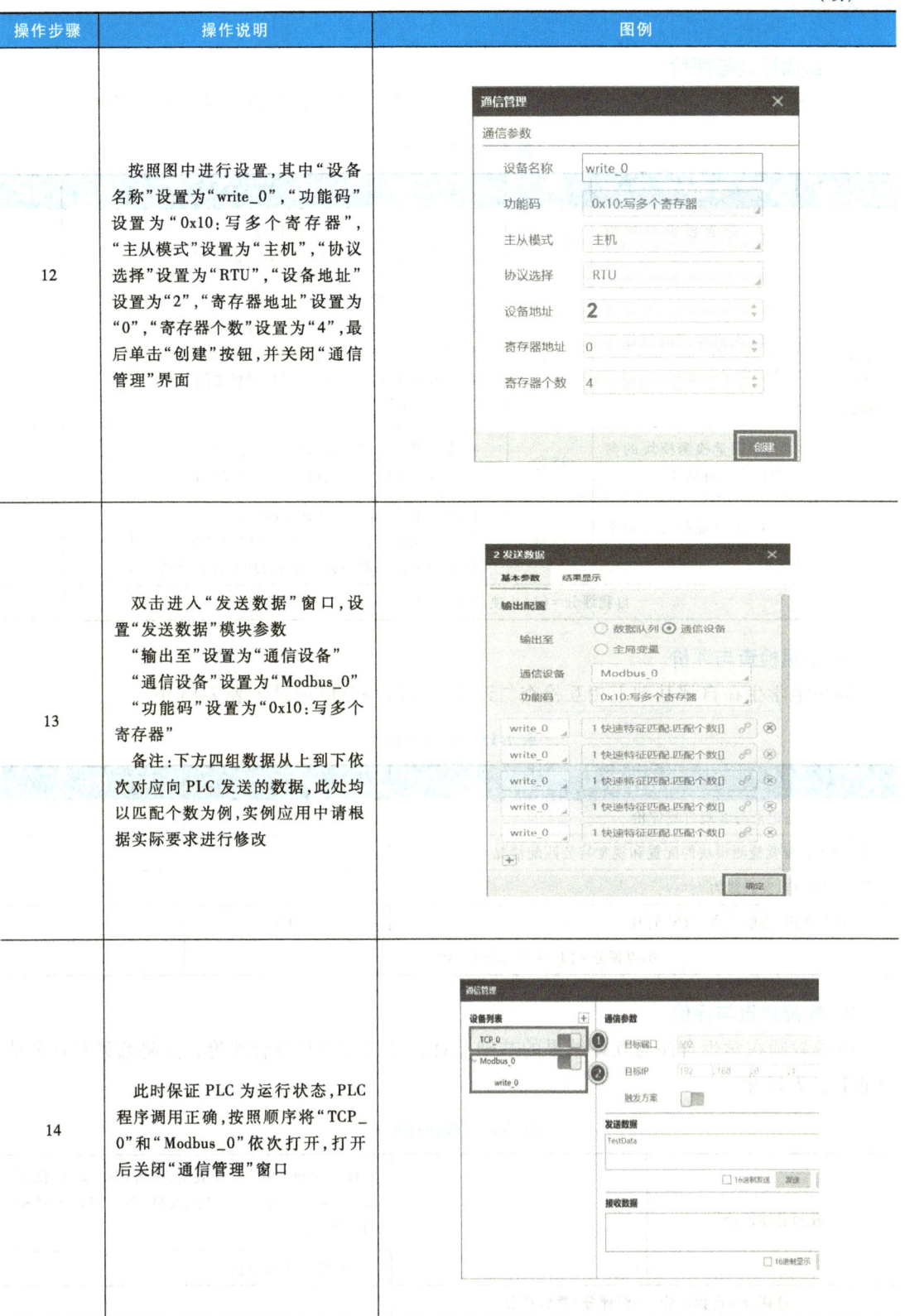
13	双击进入"发送数据"窗口，设置"发送数据"模块参数 "输出至"设置为"通信设备" "通信设备"设置为"Modbus_0" "功能码"设置为"0x10:写多个寄存器" 备注：下方四组数据从上到下依次对应向 PLC 发送的数据，此处均以匹配个数为例，实例应用中请根据实际要求进行修改	
14	此时保证 PLC 为运行状态，PLC 程序调用正确，按照顺序将"TCP_0"和"Modbus_0"依次打开，打开后关闭"通信管理"窗口	

任务评价

1. 自我检查与评价

学生根据工作任务完成情况进行自我检查与评价,并将评分值记录于表 7-12 中。

表 7-12 学生评价表

工作任务	考核内容	配分	评分标准	得分	备注
人机界面与视觉检测模块的设置	1. 安全意识与规范操作	10 分	1)遵守实训室相关安全操作规范,5 分 2)具备安全用电、规范操作的意识,5 分		
	2. 人机界面的创建与基础配置	40 分	1)完成 HMI 的创建,10 分 2)完成 HMI 与 PLC 的通信连接,10 分 3)完成 HMI 的设计,创建各种功能按钮,10 分 4)完成 HMI 功能按钮和 PLC 变量之间完整的动作关联,10 分		
	3. 视觉检测模块的参数设置和特征匹配	35 分	1)完成视觉检测模块的参数设置,15 分 2)完成视觉特征匹配检测与调试,20 分		
	4. 职业规范与实训平台"6S"管理	15 分	1)电工工具、扳手和器材摆放整齐,5 分 2)做好气动设备及气动元器件维护,5 分 3)实训平台"6S"管理,场地清理及打扫,5 分		
	自我评分=(1~4 项总分)×40%				

2. 小组检查与评价

同小组学生在自评基础上相互检查与评价,并将评分值记录于表 7-13 中。

表 7-13 小组评价表

评价内容	配分	评分
1. 项目实施记录与客观自我评价	20 分	
2. HMI 和视觉检测模块的配置和视觉特征匹配情况	40 分	
3. 团队协作、实践能力	20 分	
4. 安全意识、态度认真、"6S"管理	20 分	
小组评分=(1~4 项总分)×30%		

3. 教师检查与评价

指导教师在学生自评与互评结果的基础上对其进行检查与综合评价,并将意见与评分值记录于表 7-14 中。

表 7-14 教师评价表

教师总体评价	教师评价(30 分)五级制:优秀(30~27)、良好(26~24)、中等(23~21)、及格(20~18)、不及格(18 以下)	
	评价等级及分值	
总评分=自我评分+小组评分+教师评分		

任务反馈

项目学习情况	
心得与反思	

拓展训练

1. 简述人机界面的概念及其在视觉分拣机器人工作站中的作用。
2. 在视觉分拣机器人工作站中,机器视觉系统硬件连接I/O有哪些?
3. 黑、白工件的视觉特征匹配检测,采用什么算法进行?处理功能中包括几大模块?

任务三 输送模块的设置

任务目标

1)了解输送模块的功能、I/O信号。
2)掌握输送模块调速器的功能及控制方法。
3)能够根据工作任务要求,完成输送模块调速器的接线、参数设置。

任务准备

输送模块准备:输送机上安装光电传感器与阻挡装置,用以检测与阻挡工件。调速电动机驱动输送带,运输多种不同的工件(如圆形、矩形工件)。模块适配标准电气接口套件和轨迹跟随套件,工业机器人通过数字量和模拟量对输送带进行启停和调速控制,配合轨迹跟随套件完成对工件的跟随和抓取。使用时,将该模块安装在桌面合适位置,以配合圆形工件或者矩形工件使用,将驱动器的电源插在摄像头旁边的重载插头上,将绿色端子排连接至设备的另一端,通过面板式调速器设置好电动机的参数。输送模块的实物图如图7-28所示。

图 7-28 输送模块的实物图

任务分析

在了解输送模块结构的基础上,设置输送模块 I/O 信号,并根据视觉分拣任务要求配置输送模块调速器。

1. 工作计划

引导问题1:调速器的参数主要有哪些?如何利用调整器进行电动机驱动设置?
____
____
____

引导问题2:如何设置输送模块对应工业机器人的 I/O 信号连接?
____
____
____

引导问题3:简述调速器接线测试的方法与步骤。
____
____
____

2. 进行决策

引导问题1:分组讨论该输送模块的硬件配置,并进行调速器设置。
____
____
____

引导问题2:师生讨论并确定输送模块的调速器参数的设置步骤。
____
____

调速器参数设置步骤为:

任务实施

1. 输送模块 I/O 信号设置

输送模块各 I/O 信号的功能见表 7-15。在编写程序时，根据实际需要设置各 I/O 信号。

表 7-15 输送模块各 I/O 信号的功能表

信号	信号功能
DO[209]	推料气缸控制：0 代表气缸回原位，1 代表气缸推出
DO[210]	顶料气缸控制：0 代表气缸回原位，1 代表气缸推出
DO[211]	输送带启动控制：0 代表输送带停止，1 代表输送带启动
DI[209]	推料气缸状态：0 代表气缸不在原位，1 代表气缸在原位
DI[210]	顶料气缸状态：0 代表气缸不在原位，1 代表气缸在原位
DI[211]	输送带运行状态：0 代表停止状态，1 代表运行状态
DI[212]	输送带前段工件检测：0 代表未到位，1 代表到位
DI[213]	输送带末段工件检测：0 代表未到位，1 代表到位
DI[214]	料仓有无工件检测：0 代表无，1 代表有

2. 输送模块的配置

（1）SF 系列面板式调速器接线 SF 系列面板式调速器接线图如图 7-29 所示。

1）操作面板按钮控制电动机运转。

① 无须安装 K1、K2 开关。

② 菜单设置：运转控制方式 F-03 选择"1"或"4"，由操作面板按钮控制。

2）外接开关 K1、K2 控制电动机运转。

① 必须安装 K1、K2 开关。

② 菜单设置：运转控制方式 F-Q3 选择"2"或者"3"，由外接开关控制。

3）YF 调速电动机的功率必须与调速器适用电动机功率一致。需注意调速器型号标签功率与电动机功率必须一致。

4）电源电压必须与调速器电源电压一致。QF 为断路器，在发生短路时保护调速器

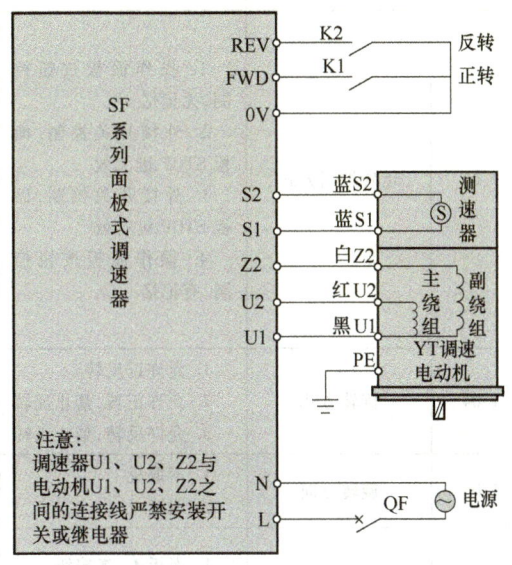

图 7-29 SF 系列面板式调速器接线图

和调速电动机，不同电源电压、不同电动机功率下的断路器电流规格见表 7-16。

表 7-16 断路器电流规格

电源电压	电动机功率	电流规格
220V	6~90W	1A
220V	120~200W	2A
110V	6~90W	3A
110V	120~200W	4A

（2）SF系列面板式调速器参数设置　为保证安全，F-05、F-29参数修改必须在电动机停止状态下进行，否则无法设置，屏幕显示为"Err"。具体的设置步骤如图7-30所示。

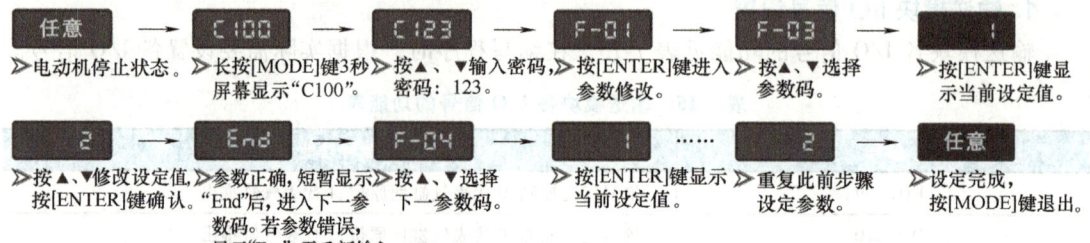

图 7-30　SF 系列面板式调速器参数设置步骤

根据表7-17对调速器进行相关参数设置。

表 7-17　SF 系列面板式调速器参数设置表

参数码	参数功能	设定范围	功能说明	出厂设定值
F-01	显示内容	1. 电动机转速设定值 2. 倍率转速设定值	倍率转速设定值＝电动机转速设定值/倍率	1
F-02	倍率设定	1.0～999.9	根据显示直观性需要设定，显示目标值	1.0
F-03	运转控制方式	1. 操作面板按钮控制，无记忆 2. 外接开关控制，面板STOP键无效 3. 外接开关控制，面板STOP键有效 4. 操作面板按钮控制，有记忆	选择"1"时，由操作面板按钮控制电动机，关闭调速器电源后再次打开电源，调速器不记忆关闭电源前的运转状态，重新通电后电动机为停止状态。选择"4"时，调速器能记忆关闭电源前的运转状态，重新通电后电动机为上次关闭电源前的状态，例如，关闭电源前电动机正转，再次通电后电动机立即正转，因此选择此功能，需注意安全！选择外接开关控制时，由FWD、REV外接开关K1、K2控制电动机	1
F-04	旋转方式	1. 允许正反转 2. 允许正转，禁止反转 3. 允许反转，禁止正转	限制电动机的旋转方向，防止设备出现故障或事故	1
F-05	旋转方向	1. 不取反 2. 取反	无须改变电动机接线，可轻而易举地改变电动机转向，使之与习惯或要求一致	1
F-06	速度调整方式	1. 面板▲、▼按钮 2. 面板旋钮	按▲、▼按钮可在最低至最高转速范围内调整转速，调整电动机转速面板旋钮可自动匹配0至最高转速范围内的转速	1
F-07	最高转速	500～3000	限制电动机最高转速，可防止超速、发生损坏或事故。50Hz 的电源最高转速为1400r/min，60Hz 的电源最高转速为 1600r/min。若最高转速超过以上值，电动机将发热、振动	1400
F-08	最低转速	90～1000	限制电动机最低转速，可防止电动机由于运行于低速而速度不稳定、过热、过载	90
F-09	正转启动加速时间	0.1～10.0s	此值大，电动机启动平缓，启动时间长；此值小，电动机启动快猛，启动时间短	1.0

（续）

参数码	参数功能	设定范围	功能说明	出厂设定值
F-10	正转停止方式	1. 自由减速停止 2. 缓慢减速停止	当选择自由减速停止时,若电动机停止较快,可选择缓慢减速停止,改变 F-11 设定值,可改变缓慢减速停止的快慢	1
F-11	正转停止时缓慢减速时间	0.1~10.0s	F-10 选择缓慢减速停止时,该参数有效	1.0
F-12	反转启动加速时间	0.1~10.0s	此值大,电动机启动平缓,启动时间长;此值小,电动机启动快猛,启动时间短	1.0
F-13	反转停止方式	1. 自由减速停止 2. 缓慢减速停止	当选择自由减速停止时,若电动机停止较快,可选择缓慢减速停止,改变 F-14 设定值,可改变缓慢减速停止的快慢	1
F-14	反转停止时缓慢减速时间	0.1~10.0s	F-13 选择缓慢减速停止时,该参数有效	1.0
F-29	恢复出厂设定	1. 不恢复出厂设定 2. 恢复出厂设定		1
F-20	程序版本	代码+版本		01.**

任务评价

1. 自我检查与评价

学生根据工作任务完成情况进行自我检查与评价,并将评分值记录于表 7-18 中。

表 7-18　学生评价表

工作任务	考核内容	配分	评分标准	得分	备注
输送模块的设置	1. 安全意识与规范操作	10 分	1)遵守实训室相关安全操作规范,5 分 2)具备安全用电、规范操作的意识,5 分		
	2. 对输送模块的认识	35 分	1)认识输送模块的组成和功能,10 分 2)认识 I/O 信号的功能,10 分 3)完成 SF 系列面板式调速器的接线,15 分		
	3. 输送模块的设置与调试	40 分	1)认识调速器参数的功能,10 分 2)完成输送模块的参数设置,10 分 3)根据要求进行输送模块的手动调试,20 分		
	4. 职业规范与实训平台"6S"管理	15 分	1)电工工具、扳手和器材摆放整齐,5 分 2)做好气动设备及气动元器件维护,5 分 3)实训平台"6S"管理,场地清理及打扫,5 分		
			自我评分=(1~4 项总分)×40%		

2. 小组检查与评价

同小组学生在自评基础上相同检查与评价,并将评分值记录于表 7-19 中。

3. 教师检查与评价

指导教师在学生自评与互评结果的基础上对其进行检查与综合评价,并将意见与评分值记录于表 7-20 中。

表 7-19　小组评价表

评价内容	配分	评分
1. 项目实施记录与客观自我评价	20 分	
2. 输送模块的设置	40 分	
3. 团队协作、实践能力	20 分	
4. 安全意识、态度认真、"6S"管理	20 分	
小组评分=（1~4 项总分）×30%		

表 7-20　教师评价表

教师总体评价		教师评价（30 分）五级制：优秀（30~27）、良好（26~24）、中等（23~21）、及格（20~18）、不及格（18 以下）
		评价等级及分值
总评分=自我评分+小组评分+教师评分		

任务反馈

项目学习情况	
心得与反思	

拓展训练

1. 简述 SF 系列面板式调速器参数设置步骤。
2. 输送模块的 I/O 信号有哪些？它们各自的功能是什么？
3. 如何设置输送模块调速器的最高转速、最低转速和转向？

任务四　视觉分拣机器人工作站的编程应用

任务目标

1）掌握视觉分拣机器人工作站的相关编程指令的应用。
2）掌握视觉分拣机器人工作站 I/O 信号的配置。

3）能够根据工作任务要求，编写视觉分拣机器人工作站的应用程序。

任务准备

一、视觉分拣机器人工作站的准备与工作任务

视觉分拣机器人工作站由 FANUC 业机器人、输送模块、快换装置、仓储模块、称重模块、视觉检测模块等组成，物料检测与入库工作站各模块布局如图 7-3 所示。关节坐标系下工业机器人工作原点位置为 [0°，0°，0°，0°，-90°，0°]。

工作站工业机器人所用的末端手爪工具如图 7-31 所示，它是根据圆柱体外部形状而设计的，用于抓取黑、白工件。

快换装置模块中，工业机器人手爪工具的放置位置如图 7-32 所示。

视觉分拣工作站编程实训

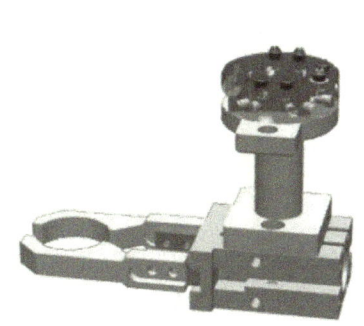

图 7-31　工业机器人末端手爪工具

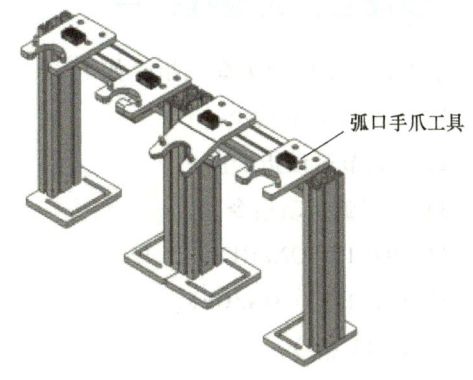

图 7-32　工业机器人手爪工具的放置位置

视觉分拣机器人工作站两种工件如图 7-1 所示。

视觉分拣机器人工作站的工作任务如下。

（1）工件准备　本任务需要完成两种颜色工件的视觉分拣和入库过程。手动将六个工件随机放置在井式供料模块供料桶中。

（2）工作站工作过程

1）系统初始复位：将工业机器人手动操作至安全位置，气缸全部缩回，按下工业机器人启动按键（之后禁止对示教器进行任何操作），工业机器人自动返回至工作原点（关节坐标系工作原点位置为 [0°，0°，0°，0°，-90°，0°]）；输送带上没有工件且处于停止状态，HMI 上称重数据清零。

2）工件上料：工业机器人控制上料系统将供料桶中的一个工件推出，2s 后自动缩回，实现工件的上料过程。

3）输送工件：工件上料完成后，输送带立即开始运行，将工件输送至输送带末端，待末端传感器检测到工件 3s 后输送带自动停止。

4）检测工件：工业机器人抓取工件，放置在视觉检测模块上，相机拍照，来获取工件颜色信息，并在 HMI 上正确显示颜色信息。

5）检测重量：相机拍照完成后，称重单元对工件进行重量检测，并在 HMI 上正确显示工件重量信息。

6）工件入库：重量检测完成后，工业机器人正确抓取工件并将其搬运至立体库指定位置（1、2、3库位放黑色工件，4、5、6库位放白色工件）。

7）第一套工件入库完成后，依次循环步骤2）~6），完成第二至第六套工件的检测和入库。

8）系统结束复位：待全部工件入库完成后，工业机器人自动将手爪工具放入快换装置模块夹具库并返回工作原点［0°，0°，0°，0°，-90°，0°］，输送带停止，供料气缸全部缩回。

9）工业机器人运行过程中若按下急停按钮，工业机器人将立即停止运行，停止后须手动操作工业机器人返回到工作原点［0°，0°，0°，0°，-90°，0°］，重新加载程序且系统复位后，重新按照步骤1）可再次运行工业机器人系统。

二、涉及的相关编程指令

本项目涉及的相关编程指令如下。

1）L 线性运动指令。

2）J 关节运动指令。

3）C 圆弧运动指令。

4）RO［1］= ON/OFF。

5）DO［115］= ON/OFF。

6）CALL 指令。

7）WAIT 指令。

8）IF 指令。

任务分析

1. 工作计划

引导问题1：简述视觉分拣机器人工作站 I/O 信号的配置过程。

_____

_____

引导问题2：规划视觉分拣机器人工作站工作路径，并设计程序编辑流程图。

_____

_____

2. 进行决策

引导问题1：分组讨论分析视觉分拣抓取与入库路径。

_____

_____

引导问题 2：师生讨论并进行视觉分拣机器人工作站的程序设计。

_____
_____
_____

任务实施

1. 工作站 I/O 信号设置

视觉分拣机器人工作站中 I/O 信号的功能见表 7-21。在编写程序时，根据实际需要设置 I/O 信号。

表 7-21　工作站 I/O 信号的功能

信号	信号功能
DO[209]	推料气缸控制
DO[210]	顶料气缸控制
DO[211]	输送带启停控制
DI[209]	推料气缸状态
DI[210]	顶料气缸状态
DI[211]	输送带运行状态
DI[212]	输送带前段工件检测
DI[213]	输送带后端工件检测
DI[214]	料仓有无工件检测
DI[242]	视觉反馈信号（白色工件时输出,黑色工件时不输出）
RO[1]	工业机器人快换手爪工具信号
RO[3]	工业机器人手爪工具信号

2. 视觉分拣机器人工作站的示教要求及程序编写

（1）视觉分拣机器人工作站示教要求

1）在进行视觉分拣示教时，必须使用弧形手爪工具来抓取黑、白工件。

2）工业机器人运行轨迹要求平缓流畅。

3）因该工作站涉及的目标点较多，可将程序分解为多个子程序，每个子程序包含一个独立的目标点程序，在主程序中调用不同的子程序即可，这样程序结构清晰，利于查看修改。本项目将设置一个主程序和若干子程序。

（2）设计视觉分拣机器人工作站程序流程图　根据视觉分拣机器人工作站控制功能，设计程序流程图，如图 7-33 所示，其动作包括系统初始化、取手爪工具，视觉分拣与入库，放手爪工具、工业机器人归位，动作结束。

（3）工作站程序编写　工作站的具体程序分为主程序与六个子程序，工作站的具体程

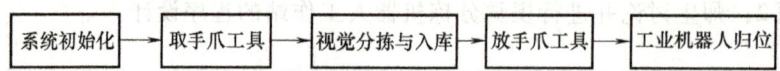

图 7-33　视觉分拣机器人工作站程序流程图

序见表 7-22~表 7-28。

表 7-22　主程序 RSR0001

程序行	指令	注释
1	CALL　INITIALIZE	调用系统初始化子程序
2	CALL　PICKTOOL4	调用取 4 号手爪工具子程序
3	CALL　PICKWLJJ	调用抓黑、白工件检测入库子程序
4	CALL　PLACETOOL4	调用放 4 号手爪工具子程序
5	J　PR[19]　100%　FINE	工业机器人回到 HOME 点
6	END	程序执行完毕

表 7-23　系统初始化子程序 INITIALIZE

程序行	指令	注释
1	R[1] = 0	清除 R[1]的值
2	R[2] = 0	清除 R[2]的值
3	DO[209:OFF] = OFF	复位推料信号
4	DO[210:OFF] = OFF	复位顶料气缸
5	DO[211:OFF] = OFF	复位输送带开启信号
6	DO[242:OFF] = OFF	复位拍照信号
7	RO[1:OFF] = OFF	复位快换夹具信号
8	RO[3:OFF] = OFF	复位手爪工具信号
9	J　PR[19]　20%　CNT100	工业机器人回到 HOME 点
10	END	程序执行完毕

表 7-24　取 4 号手爪工具子程序 PICKTOOL4

程序行	指令	注释
1	J　P[1]　20%　CNT100	到达安全位置
2	J　P[2]　100%　CNT100	到达中间位置
3	L　P[3]　50mm/sec　FINE	到达抓取位置
4	RO[1:OFF] = ON	取 1 号手爪工具
5	WAIT　1.00(sec)	等待 1s
6	L　P[4]　50mm/sec　FINE	抬起 4 号手爪工具
7	L　P[5]　100mm/sec　FINE	移出 4 号夹具库
8	L　P[6]　100mm/sec　FINE	移至安全位置
9	J　PR[19]　100mm/sec　FINE	工业机器人回到 HOME 点
10	END	程序结束

表 7-25 抓黑、白工件检测入库子程序 PICKWLJJ

程序行	指令	注释
1	FOR R[1]=0 TO 5	循环 6 次
2	WAIT DI[214:OFF]=ON	等待料仓工件到位
3	DO[210:OFF]=ON	顶料气缸顶料
4	WAIT 0.50(sec)	等到 0.5s
5	DO[209:OFF]=ON	推料气缸推出工件
6	WAIT DI[212:OFF]=ON	等待工件推出到位
7	DO[211:OFF]=ON	输送带进行工件运输
8	DO[209:OFF]=OFF	推料气缸缩回
9	WAIT DI[209:OFF]=ON	等待推料气缸缩回到位
10	DO[210:OFF]=OFF	顶料气缸缩回
11	WAIT DI[213:OFF]=ON	等待工件运输到位
12	J P[1] 20% CNT100	到达安全位置
13	L P[2] 50mm/sec FINE	到达抓取位置
14	RO[3:OFF]=ON	夹取 1 号工件
15	WAIT 1.00(sec)	等待 1s 后夹紧
16	L P[3] 100mm/sec FINE	到达中间位置
17	L P[4] 100mm/sec FINE	到达安全位置
18	L P[5] 100mm/sec FINE	到达放置位置
19	WAIT 1.00(sec)	等待 1s
20	RO[3:OFF]=OFF	放置 1 号工件
21	WAIT 1.00(sec)	等待 1s
22	L P[4] 100mm/sec FINE	移动至安全位置
23	DO[242:OFF]=ON	视觉检测模块开始拍照
24	WAIT 2.00(sec)	等待 2s
25	DO[242:OFF]=OFF	视觉检测模块停止拍照
26	J P[6] 20% CNT100	到达安全位置
27	L P[5] 50mm/sec FINE	到达抓取位置
28	RO[3:OFF]=ON	夹取 1 号工件
29	WAIT 1.00(sec)	等待 1s
30	L P[1] 100mm/sec FINE	移至安全位置
31	L P[3] 100mm/sec FINE	到达中间位置
32	IF DI[242:OFF]=ON,THEN	判断视觉反馈信号有无输出,无输出则为黑色工件,有输出则为白色工件
33	CALL BSWL	调用白色工件入库子程序
34	ELSE	条件不满足时
35	CALL HSWL	调用黑色工件入库子程序
36	ENDIF	判断结束
37	ENDFOR	循环结束
38	END	程序运行结束

表 7-26　白色工件入库子程序 BSWL

程序行	指令	注释
1	IF　R[2]=0,JMP　LBL[1]	判断第几次工件入库。若等于0,则入第一个库位
2	IF　R[2]=1,JMP　LBL[2]	若等于1,则入第二个库位
3	IF　R[2]=2,JMP　LBL[3]	若等于2,则入第三个库位
4	LBL[1]	第一次入上层第一个库位
5	L　P[1]　100mm/sec　FINE	到达安全位置1
6	L　P[2]　100mm/sec　FINE	到达中间位置2
7	L　P[3]　100mm/sec　FINE	到达放置位置1
8	RO[3]=OFF	手爪松开
9	WAIT　1.00(sec)	等待工件放置到位
10	L　P[4]　100mm/sec　FINE	退出库位
11	L　P[5]　100mm/sec　FINE	回到安全位置
12	JMP　LBL[4]	跳转至标签4
13	LBL[2]	第二次入上层第二个库位
14	L　P[6]　100mm/sec　FINE	到达安全位置6
15	L　P[7]　100mm/sec　FINE	到达中间位置7
16	L　P[8]　100mm/sec　FINE	到达放置位置2
17	RO[3]=OFF	手爪松开
18	WAIT　1.00(sec)	等待1s
19	L　P[9]　100mm/sec　FINE	退出库位
20	L　P[10]　100mm/sec　FINE	回到安全位置
21	JMP　LBL[4]	跳转至标签4
22	LBL[3]	第三次入上层第三个库位
23	L　P[11]　100mm/sec　FINE	到达安全位置11
24	L　P[12]　100mm/sec　FINE	到达中间位置12
25	L　P[13]　100mm/sec　FINE	到达放置位置3
26	RO[3]=OFF	手爪松开
27	WAIT　1.00(sec)	等待1s
28	L　P[14]　100mm/sec　FINE	退出库位
29	L　P[15]　100mm/sec　FINE	回到安全位置
30	JMP　LBL[4]	跳转至标签4
31	LBL[4]	标签4
32	ENDIF	结束if条件
33	R[2]=R[2]+1	运行一次 R[2]自加 1
34	END	程序运行结束

表 7-27 黑色工件入库子程序 HSWL

程序行	指令	注释
1	IF R[3]=0,JMP LBL[1]	判断第几次工件入库。若等于0,则入第一个库位
2	IF R[3]=1,JMP LBL[2]	若等于1,则入第二个库位
3	IF R[3]=2,JMP LBL[3]	若等于2,则入第三个库位
4	LBL[1]	第一次入上层第一个库位
5	L P[1] 100mm/sec FINE	到达安全位置1
6	L P[2] 100mm/sec FINE	到达中间位置2
7	L P[3] 100mm/sec FINE	到达放置位置1
8	RO[3]=OFF	手爪松开
9	WAIT 1.00(sec)	等待工件放置到位
10	L P[4] 100mm/sec FINE	退出库位
11	L P[5] 100mm/sec FINE	回到安全位置
12	JMP LBL[4]	跳转至标签4
13	LBL[2]	第二次入上层第二个库位
14	L P[6] 100mm/sec FINE	到达安全位置6
15	L P[7] 100mm/sec FINE	到达中间位置7
16	L P[8] 100mm/sec FINE	到达放置位置2
17	RO[3]=OFF	手爪松开
18	WAIT 1.00(sec)	等待1s
19	L P[9] 100mm/sec FINE	退出库位
20	L P[10] 100mm/sec FINE	回到安全位置
21	JMP LBL[4]	跳转至标签4
22	LBL[3]	第三次入上层第三个库位
23	L P[11] 100mm/sec FINE	到达安全位置11
24	L P[12] 100mm/sec FINE	到达中间位置12
25	L P[13] 100mm/sec FINE	到达放置位置3
26	RO[3]=OFF	手爪松开
27	WAIT 1.00(sec)	等待1s
28	L P[14] 100mm/sec FINE	退出库位
29	L P[15] 100mm/sec FINE	回到安全位置
30	JMP LBL[4]	跳转至标签4
31	LBL[4]	标签4
32	ENDIF	结束if条件
33	R[3]=R[3]+1	运行一次R[3]自加1
34	END	程序运行结束

表 7-28　放 4 号手爪工具子程序 PLACETOOL4

程序行	指令	注释
1	J　P[1]　20%　CNT100	中间点位
2	L　P[2]　100mm/sec　FINE	移至接近 4 号手爪工具位置
3	L　P[3]　100mm/sec　FINE	到达 4 号手爪工具位置上方
4	L　P[4]　100mm/sec　FINE	到达 4 号手爪工具位置
5	RO[1:OFF]=OFF	放置 4 号手爪工具
6	WAIT　1.00(sec)	等待 1s
7	L　P[5]　100mm/sec　FINE	移至安全位置
8	J　PR[19]　100mm/sec　FINE	工业机器人回到 HOME 点
9	END	程序结束

（4）视觉分拣机器人工作站程序调试　视觉分拣机器人工作站的程序调试包括视觉检测和智能入库两部分，首先进行黑、白工件的视觉检测训练，检测是否能正确识别工件；然后对工业机器人进行现场编程调试，主要实现工业机器人黑、白工件的搬运、检测和入库，然后将工业机器人切换至自动模式，自动运行完成以上任务。实训步骤及方法如下：

1）将各模块放安装到桌面合适位置，进行初始化设置。

2）将手爪工具放置于快换装置的夹具库内。

3）利用机器视觉软件进行黑、白工件视觉检测训练。

4）使用示教器进行示教编程及集成调试。

任务评价

1. 自我检查与评价

学生根据工作任务完成情况进行自我检查与评价，并将评分值记录于表 7-29 中。

表 7-29　学生评价表

工作任务	考核内容	配分	评分标准	得分	备注
视觉分拣机器人工作站的编程应用	1. 安全意识与规范操作	10 分	1）遵守实训室相关安全操作规范,5 分 2）具备安全用电、规范操作的意识,5 分		
	2. 视觉分拣机器人工作站的安装与配置	35 分	1）完成工作站的安装与维护,10 分 2）完成工作站弧形手爪工具的安装与测试,10 分 3）完成工作站电气连接与测试,15 分		
	3. 视觉分拣机器人工作站的程序设计与调试	40 分	1）完成视觉分拣机器人工作站的黑色工件的视觉检测与入库程序的设计与调试,20 分 2）完成视觉分拣机器人工作站的白色工件的视觉检测与入库程序的设计与调试,20 分		
	4. 职业规范与实训平台"6S"管理	15 分	1）电工工具、扳手和器材摆放整齐,5 分 2）做好气动设备及气动元器件维护,5 分 3）实训平台"6S"管理、场地清理及打扫,5 分		
自我评分=(1~4 项总分)×40%					

2. 小组检查与评价

同小组学生在自评基础上相互检查与评价,并将评分值记录于表 7-30 中。

表 7-30　小组评价表

评价内容	配分	评分
1. 项目实施记录与客观自我评价	20 分	
2. 视觉分拣机器人工作站的编程情况	40 分	
3. 团队协作、实践能力	20 分	
4. 安全意识、态度认真、"6S"管理	20 分	
小组评分 =（1~4 项总分）×30%		

3. 教师检查与评价

指导教师在学生自评与互评结果的基础上对其进行检查与综合评价,并将意见与评分值记录于表 7-31 中。

表 7-31　教师评价表

教师总体评价		教师评价（30 分）五级制：优秀（30~27）、良好（26~24）、中等（23~21）、及格（20~18）、不及格（18 以下）
		评价等级及分值
总评分 = 自我评分 + 小组评分 + 教师评分		

任务反馈

项目学习情况	
心得与反思	

拓展训练

1. 视觉分拣机器人工作站中,组态编程中涉及多少个模块化程序?
2. 视觉分拣机器人中判别黑、白工件的 I/O 信号是哪个?IF 指令如何应用?
3. 试用流程图表示视觉分拣工件的节拍,一个工件的视觉分拣需要多少时间?
4. 利用视觉检测程序,采用 IF 指令完成黑、白工件智能入库的程序设计。

项目八 工业机器人RFID综合应用编程
PROJECT 8

知识目标

1）了解 RFID 技术及特点。
2）掌握基于 RFID 的电动机装配机器人工作站的组成与布局。
3）掌握变位机模块伺服电动机的控制原理。
4）掌握 IF、DI、DO 等指令的应用。
5）掌握基于 RFID 的电动机装配机器人工作站的应用编程及集成方法。

技能目标

1）能够根据工作任务要求，完成基于 RFID 的电动机装配机器人工作站的安装与布局，以及 RFID 通信设置。
2）能够根据工作任务要求，完成工业机器人与 PLC 信息的交互。
3）能够根据工作任务要求，熟练应用变位机模块以及 RFID 检测模块，并完成变位机模块通信设置。
4）能够根据工作任务要求，编写基于 RFID 的电动机装配机器人工作站程序。

素养目标

1）培养集成化创新思维。
2）培养热爱劳动的态度、总结归纳的能力、勇于探索的精神及数字化设计能力。
3）增强为人民服务的意识，培养协同合作的精神，多参与实训室清洁、维护保养活动，熟悉"6S"管理制度。

职业技能等级要求

工业机器人应用编程证书技能要求（中级）	
2.1.3	能够根据工作任务要求，通过组信号与 PLC 实现通信
2.3.1	能够根据工作任务要求，编制工业机器人与 PLC 等外部控制系统的应用程序
2.3.2	能够根据工作任务要求，编制工业机器人结合机器视觉等智能传感器的应用程序
2.3.3	能够根据产品定制及追溯要求，编制 RFID 应用程序
2.3.4	能够根据工作任务要求，编制基于工业机器人的智能仓储应用程序

工业机器人RFID综合应用编程　项目八

项目描述

射频识别（RFID）是一项非接触式的自动识别技术，它通过射频信号自动识别目标对象并获取相关数据，识别工作无需人工干预，操作快捷方便。基于RFID的装配与识别检测系统，可以安装在实训台或生产线的环形输送单元处，电子标签已埋在工件内部，当工件达到检测距离时，RFID阅读器可以准确地读取工件内的标签信息，如编号、颜色、高度等，该信息再通过工业现场数据总线传输给PLC，用来实现工件的分拣操作。RFID的应用非常广泛，常应用在动物晶片、汽车晶片防盗器、生产线自动化、物料管理等生产生活技术领域。

工业机器人 RFID 综合应用编程项目分为电动机装配、RFID 检测及智能入库三个任务。电动机装配任务主要为在变位机上进行转子、端盖和外壳三个部件的正确安装，并将电动机成品正确搬运至 RFID 上检测，然后入库。电动机成品及 RFID 检测模块如图 8-1 所示。

a) 电动机成品　　　　b) RFID 检测模块

图 8-1　电动机成品与 RFID 检测模块

平台准备

本项目所用平台包括表 8-1 中各部分。

表 8-1　平台各部分的名称及外形图

名称	YL-18 机器人工作台	FANUC 工业机器人	夹具模块
外形图			

名称	变位机模块	电动机装配模块	RFID 检测模块
外形图			

名称	仓储模块	手爪工具	
外形图			

任务一　RFID 检测模块的安装与测试

任务目标

1）了解基于 RFID 的电动机装配机器人工作站的组成及布局。

2）掌握 RFID 的特点、工作原理及接线方法。

3）能够根据工作任务要求，完成基于 RFID 的电动机装配机器人工作站的布局和 RFID 通信设置。

任务准备

一、基于 RFID 的电动机装配机器人工作站组成

基于 RFID 的电动机装配机器人工作站包含：6 轴工业机器人、RFID 检测模块、变位机模块、三套手爪工具、电动机装配模块、仓储模块等组成。将这些模块快速拆卸组合和更换为其他模块代替也能达到装配训练的目的，并且根据训练任务的不同可单独使用，也可自由组合使用。本次选用的为一套完整的电动机装配、RFID 检测以及智能仓储集成应用。将选用的模块安装在桌面合适位置，将三个手爪工具分别放入 1、2、4 号夹具库位内。图 8-2 所示为基于 RFID 的电动机装配机器人工作站中除工业机器人外的主要组成部分。

图 8-2　基于 RFID 的电动机装配机器人工作站的几个主要组成部分

二、RFID 检测模块

1. RFID 技术及特点

射频识别即无线射频识别技术，是自动识别技术的一种，它通过无线射频方式进行非接触双向数据通信，利用无线射频方式对记录媒体（或射频卡）进行读写，从而达到识别目标和数据交换的目的。RFID 的应用非常广泛，常应用在动物晶片、汽车晶片防盗器、门禁管制、停车场管制、生产线自动化、物料管理等生产生活领域。

一般的 RFID 系统带有集成天线的阅读器（也称读写头）和电子标签（也称电子标签或标签），电子标签一般安装于被识别物体上。阅读器配有一个 RS-232 接口，带有 3964 传送程序，用于连接 PC 系统、S7-1200 等其他控制器。

RFID 技术具有如下几个特点：
1）抗干扰性强。
2）数据容量庞大。
3）可以动态修改。
4）使用寿命长。
5）能防冲突。
6）安全性高。
7）识别速度快。

2. RFID 技术工作原理

RFID 技术的基本工作原理：标签进入阅读器后，接收阅读器发出的射频信号，凭借感应电流所获得的能量发送出存储在芯片中的产品信息（Passive Tag，无源标签或被动标签），或者由标签主动发送某一频率的信号（Active Tag，有源标签或主动标签），阅读器读取信息并解码后，送至中央信息系统进行有关数据处理。

阅读器根据使用的结构和技术不同可以是读或读写装置，它是 RFID 系统信息控制和处理中心。阅读器通常由耦合模块、收发模块、控制模块和接口单元组成。阅读器和标签之间一般采用半双工通信方式进行信息交换，同时阅读器通过耦合为无源标签提供能量和时序。在实际应用中，可进一步通过以太网或无线区域网等实现对物体识别信息的采集、处理及远程传送等管理功能。

3. RFID 单元读写指令和引脚

RFID 单元主要为各模块中带载码体的工件进行数据的读写。RFID 单元总装实物和底部带有 RFID 芯片的定子如图 8-3 所示。

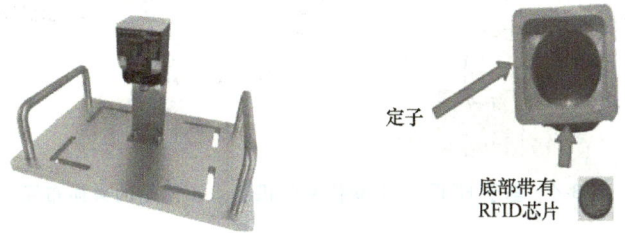

图 8-3 RFID 单元总装实物和底部带有 RFID 芯片的定子

RFID 单元读写指令格式为：
SYNC ADB CC CI User Data CRC-16
说明：
SYNC：命令同步字段，1byte（0xAA）。
ADB：数据长度，以 byte 为单位，包括 2 byte CRC 校验码。
CC：命令代码，1byte。
CI：主要在返回数据时用来分析当前状态，1byte。
User Data：最长可操作 64 byte 用户数据。

CRC-16：CRC 校验码，2byte。

本项目基于图尔克 TN-CK40-H1147 型号的 RFID 射频读写器，它是一款高性能高频电子标签一体机，结合专有的高效信号处理算法，在保持高识读率的同时，实现对电子标签的快速读写处理，广泛应用于物流、门禁及生产过程控制等领域。

RFID 单元各引脚接线见表 8-2。

表 8-2 RFID 单元各引脚接线

引线颜色	接线
棕	24V+
白	RS485-
蓝	24V-
黑	RS485+

三、基于 RFID 的电动机装配机器人工作站的桌面布局和搭建

基于 RFID 的电动机装配机器人工作站的桌面布局如图 8-4 所示，也可以根据自己的想法进行桌面布局。模块不变，其编程原理就不变。本任务按图 8-4 所示进行机器人工作站的搭建，并进行机器人与 PLC 通信配置。

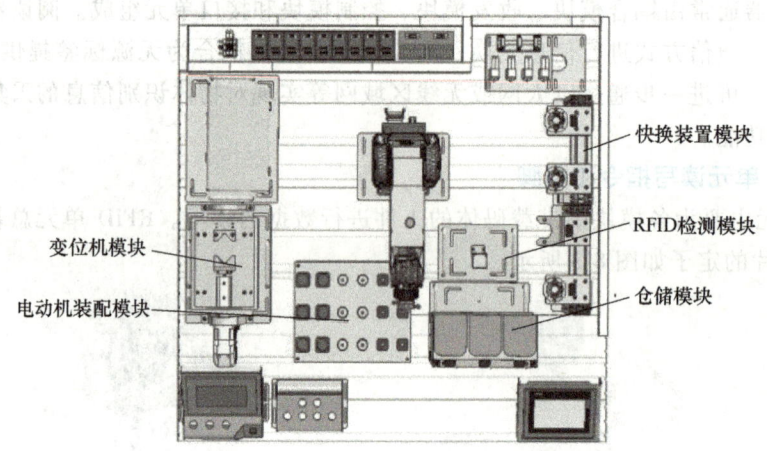

图 8-4 基于 RFID 的电动机装配机器人工作站的桌面布局

任务分析

在了解工作站组成和布局的基础上，进行实物观察、记录，根据布局进行实物安装和布局调整，并对机器人进行 RFID 通信配置、读写程序编写、数据记录和测试。

1. 工作计划

引导问题 1：如何安装工业机器人 RFID 检测模块？

引导问题2：根据工作任务要求，进行 RFID 和 PLC 的电气接线和串口连接，并说明设置步骤。

_____
_____

引导问题3：如何完成 RFID 检测模块与 PLC 的通信配置与程序编制？说明设置步骤，并进行通信测试。

_____
_____

2. 进行决策

引导问题1：分组讨论该基于 RFID 的电动机装配机器人工作站各模块的功能、安装步骤，合理分析电动机装配检测工艺路径。

_____
_____

引导问题2：师生讨论并确定基于 RFID 的电动机装配机器人工作站的电气线路安装和通信设置测试的步骤。

_____
_____

任务实施

1. 项目学习准备

1）指导教师事先了解教学 RFID 装配检测机器人工作站的实物和周边环境，做好预案（观察路线、学生分组等）。

2）指导教师对操作的安全规范做出要求，并进行学生任务分配，分配表见表 8-3。

表 8-3　学生任务分配表

班级		组号		指导教师	
组长		学号			
组员	姓名	学号	姓名	学号	姓名	学号
任务分工						

2. 认识、观察基于 RFID 的电动机装配机器人工作站的组成与布局

根据实训室或生产现场的观察，将基于 RFID 的电动机装配机器人工作站的设备及其作用记录于表 8-4 中，并将实训室中的各设备按照规定布局进行合理安装与检查，将工业机器人外部设备的主要功能及电气连接情况记录于表 8-5 中。

表 8-4 基于 RFID 的电动机装配机器人工作站设备记录

设备	设备作用

表 8-5 工业机器人外部设备记录表

外部设备	主要功能	电气连接情况

3. RFID 与 PLC 通信设置

在基于 RFID 的电动机装配机器人工作站中，RFID 需要跟机器人进行数据连接，需要通过端子排和 PLC 侧通信模块进行连接，建立信号通信。所以将 RFID 检测模块放置在工作台上，并进行安装固定，同时也要满足识别检测工件的功能要求，以便精准地实现装配、检测、入库功能，提高工作效率。RFID 与 PLC 通信程序的编写步骤如下：

1）组态 PLC 并添加串口模块，如图 8-5 所示。

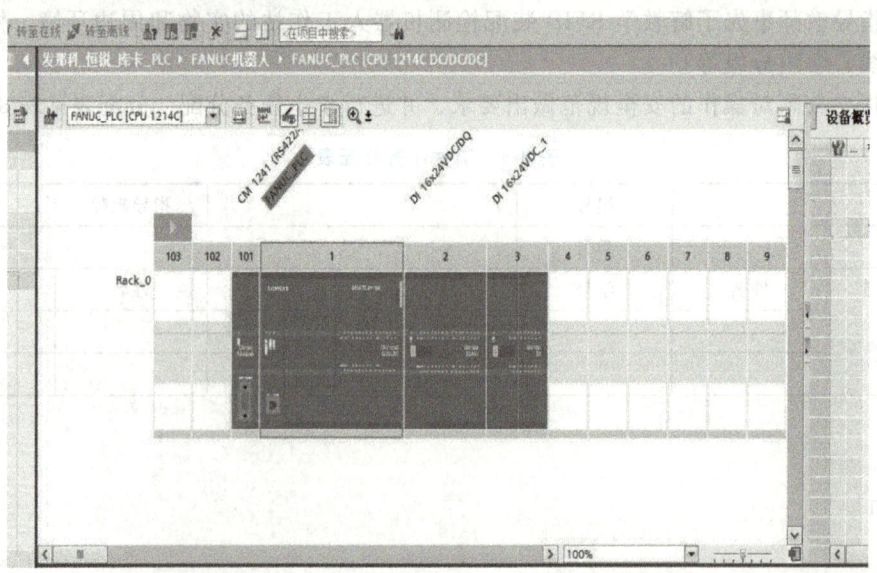

图 8-5 添加 PLC 串口模块

2) 设置串口模块参数, 即对应 RFID 参数。具体参数设置如下:
① 波特率: 115200。
② 校验位: 无校验。
③ 数据位: 8 位。
④ 停止位: 1 位。
3) 创建一个数据块和一个功能块, 数据块用来存放发送和接收的数据, 功能块用来编写相关程序, 如图 8-6 所示。

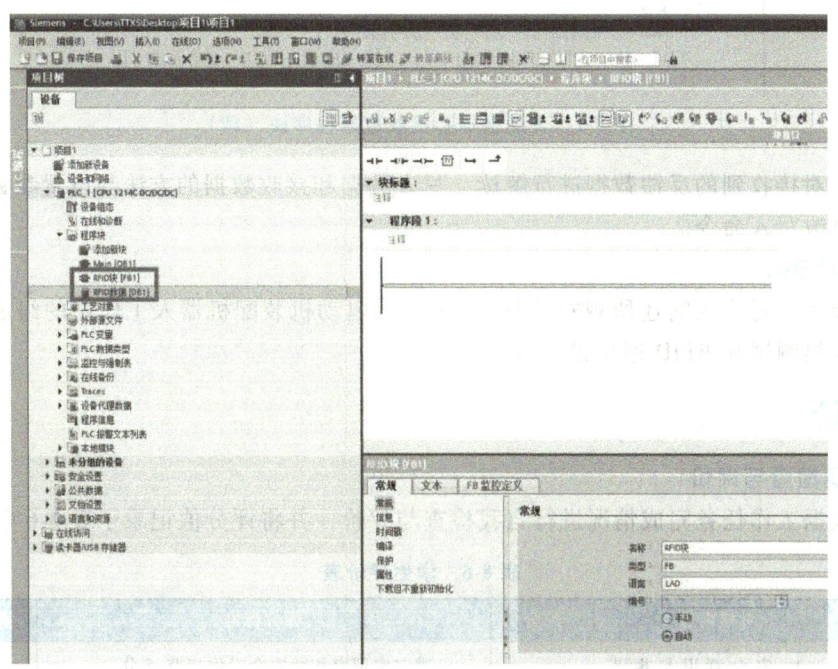

图 8-6 数据块和功能块

4) 创建相应数组, 用来存放要发送的命令和接收到的反馈数据。
5) 创建发送数据和接收数据程序块, 如图 8-7 所示, 并下载到 PLC 中, 通过触发 M0.0 信号进行数据的发送和接收, 在线模式下单击数据块按钮, 进行数据的监控, 也可对比上述

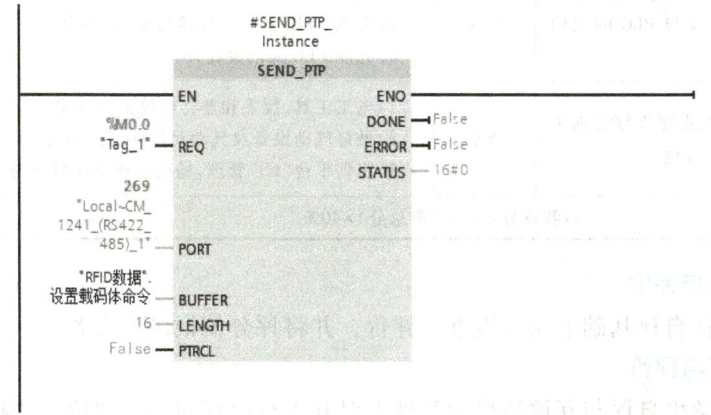

图 8-7 发送数据和接收数据程序块

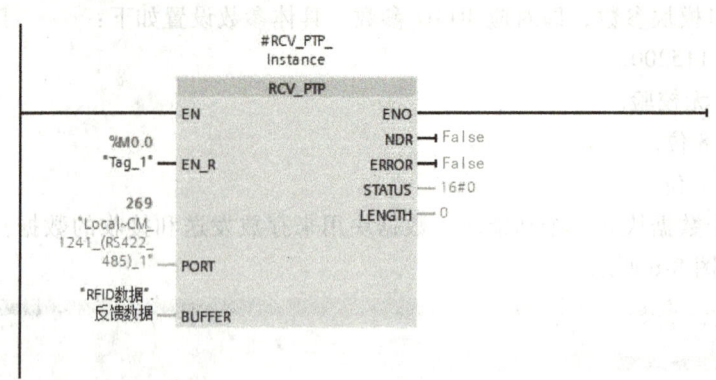

图 8-7 发送数据和接收数据程序块（续）

命令解读，对接收到的反馈数据进行解读，写入数据和接收数据的方法与设置参数的方法相同，只是更改写入命令。

4. 实训总结

学生分组，每个人简述所观察的基于 RFID 的电动机装配机器人工作站的组成及外部设备、电气连接测试和 RFID 通信设置方法。

任务评价

1. 自我检查与评价

学生根据工作任务完成情况进行自我检查与评价，并将评分值记录于表 8-6 中。

表 8-6 学生评价表

工作任务	考核内容	配分	评分标准	得分	备注
RFID 检测模块的安装与测试	1. 安全意识与规范操作	10 分	1) 遵守实训室相关安全操作规范，5 分 2) 具备安全用电、规范操作的意识，5 分		
	2. 基于 RFID 的电动机装配检测机器人工作站的搭建和布局	35 分	1) 正确认识工作站并完成搭建，10 分 2) 完成工作站设备记录表 8-4，10 分 3) 完成外部设备记录表 8-5，15 分		
	3. RFID 的安装、电气连接以及与 PLC 的通信设置	40 分	1) 正确认识 RFID 并完成安装，10 分 2) 完成 RFID 的电气连接与测试，10 分 3) 完成 PLC 通信设置，20 分		
	4. 职业规范与实训平台"6S"管理	15 分	1) 电工工具、扳手和器材摆放整齐，5 分 2) 做好气动设备及气动元器件维护，5 分 3) 实训平台"6S"管理，场地清理及打扫，5 分		
		自我评分 =（1~4 项总分）×40%			

2. 小组检查与评价

同小组学生在自评基础上相互检查与评价，并将评分值记录于表 8-7 中。

3. 教师检查与评价

指导教师在学生自评与互评结果的基础上对其进行检查与综合评价，并将意见与评分值记录于表 8-8 中。

表8-7 小组评价表

评价内容	配分	评分
1. 项目实施记录与客观自我评价	20分	
2. 基于RFID的电动机装配机器人工作站布局和RFID与PLC的通信设置	40分	
3. 团队协作、实践能力	20分	
4. 安全意识、态度认真、"6S"管理	20分	
小组评分=(1~4项总分)×30%		

表8-8 教师评价表

教师总体评价		教师评价(30分)五级制:优秀(30~27)、良好(26~24)、中等(23~21)、及格(20~18)、不及格(18以下)
		评价等级及分值
总评分=自我评分+小组评分+教师评分		

任务反馈

项目学习情况	
心得与反思	

拓展训练

1. 查阅资料,了解什么是RFID技术,具有哪些优势和特点,在哪些领域有所应用。
2. 简述利用RFID技术进行产品的识别检测的过程。
3. 简述RFID的安装步骤。
4. RFID具有几根引脚,各引脚的具体含义是什么?
5. 绘制基于RFID的电动机装配机器人工作站的电气原理图,并罗列出主要的外部设备及类型,比较该电气原理图与和项目六中的电动机装配机器人工作站的电气原理图有何区别。

任务二 工业机器人与PLC信息交互

任务目标

1) 了解PLC的选型和应用。

2）能够根据工作任务要求，完成工业机器人与 PLC 的信息交互。

任务准备

一、PLC 的概念及选用

可编程逻辑控制器（Programmable Logic Controller，PLC）是计算机家族中的一员，是为工业控制应用而设计制造的。它主要用来代替继电器实现逻辑控制。随着技术的发展，这种装置的功能已经大大超过了逻辑控制的范围，因此，今天这种装置称为可编程逻辑控制器。

PLC 是以传统顺序控制器为基础，综合了计算机技术、微电子技术、自动控制技术、数字技术和通信网络技术而形成的新型通用工业自动控制装置，是现代工业控制的重要支柱。PLC 的硬件设备如图 8-8 所示。

本项目采用的 PLC 是西门子 S7-1200（SIMATIC S7-1200 的简称），是一款紧凑型、模块化的 PLC，可完成简单逻辑控制、高级逻辑控制、HMI 和网络通信等任务。

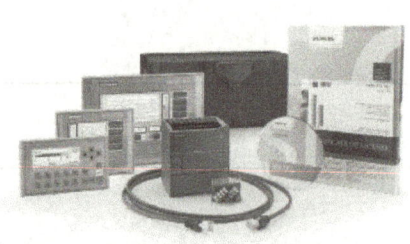

图 8-8　PLC 硬件

二、PLC 编程软件的选型与应用

PLC 编程软件的类型很多，需要根据 PLC 的厂家选择配套的编程软件。西门子 S7-1200 对应的编程软件是 TIA 博途软件。它是全集成自动化软件 TIA portal 的简称，是西门子工业自动化的一款全集成自动化软件，采用统一的工程组态和软件项目环境。

本项目借助 TIA 博途软件，通过该软件，能够快速、直观地开发和调试自动化系统，从数字化规划和一体化工程到透明的运行，可以很好地实现基于 RFID 的电动机装配机器人工作站的自动化、集成化。

任务分析

在了解 PLC 模块基础上，根据本项目工作站任务要求进行 PLC 模块设置和程序设计。

1. 工作计划

引导问题 1：S7-200 主要参数和功能有哪些？如何进行 PLC 通信模块的选型？

引导问题 2：简述 PLC 通信设置及测试方法、步骤。

2. 进行决策
引导问题 1：分组讨论该 PLC 模块的硬件配置，并进行通信模块设置。

引导问题 2：师生讨论并确定 PLC 模块的软件编程和工作站程序总体设计。

任务实施

本任务是通过西门子 TIA 博途软件编写机器人与 PLC 的梯形图程序。通过 PLC 程序的创建，掌握工业机器人集成的方法与应用。此部分内容以整个工作站的工作模块为对象，进行模块调用与程序编写、下载以及调试。

打开 TIA 博途软件，根据 PLC、HMI 和变位机组态情况，编写 PLC 程序，建立工业机器人与 PLC、RFID 检测模块、变位机模块、仓储模块的通信，编写变位机组态对应的模块程序，在 HMI 中正确显示工件对应仓库数据、仓位信息、RFID 读写的数据信息。PLC 编程步骤如下：

工业机器人工作站 PLC 编程

1）双击打开软件，单击"打开项目视图"按钮，如图 8-9 所示。

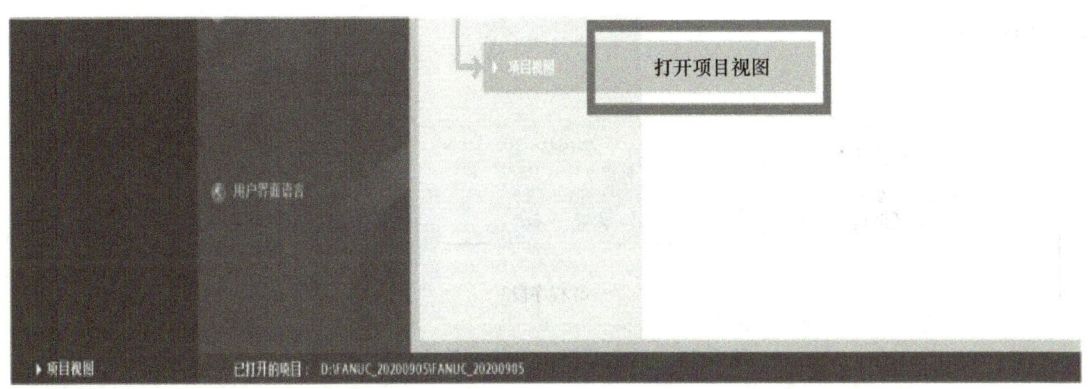

图 8-9　打开项目视图

2）打开工业机器人 Main 程序，如图 8-10 所示，根据电动机装配情况，将编辑好的程序块拖入程序段中。本任务中包含 11 个 Main 后缀程序，包括 FANUC_ModbusTcp、FANUC 程序自动运行、系统控制、仓储快换、转盘、变位机、RFID、导轨、井式供料、称重、装配与视觉。整个工业机器人工作站 PLC 程序编辑时可以将 11 个 Main 模块拖入程序段中，但每个程序段内只能有一行程序，不可以出现多行的情况，如图 8-11 所示；根据任务要求也可以精准选取模块，只选取装配程序相关的程序块。

3）检查设备网络。单击"程序下载"按钮，如图 8-12 所示；单击"在不同步的情况下继续"，如图 8-13 所示；然后，"停止模块"选择"全部停止"，如图 8-14 所示；装载后选择"启动模块"，如图 8-15 所示，单击"完成"按钮。检查 PLC 是否全部绿灯，若不是，单击如图 8-16 所示按钮，启动 PLC。

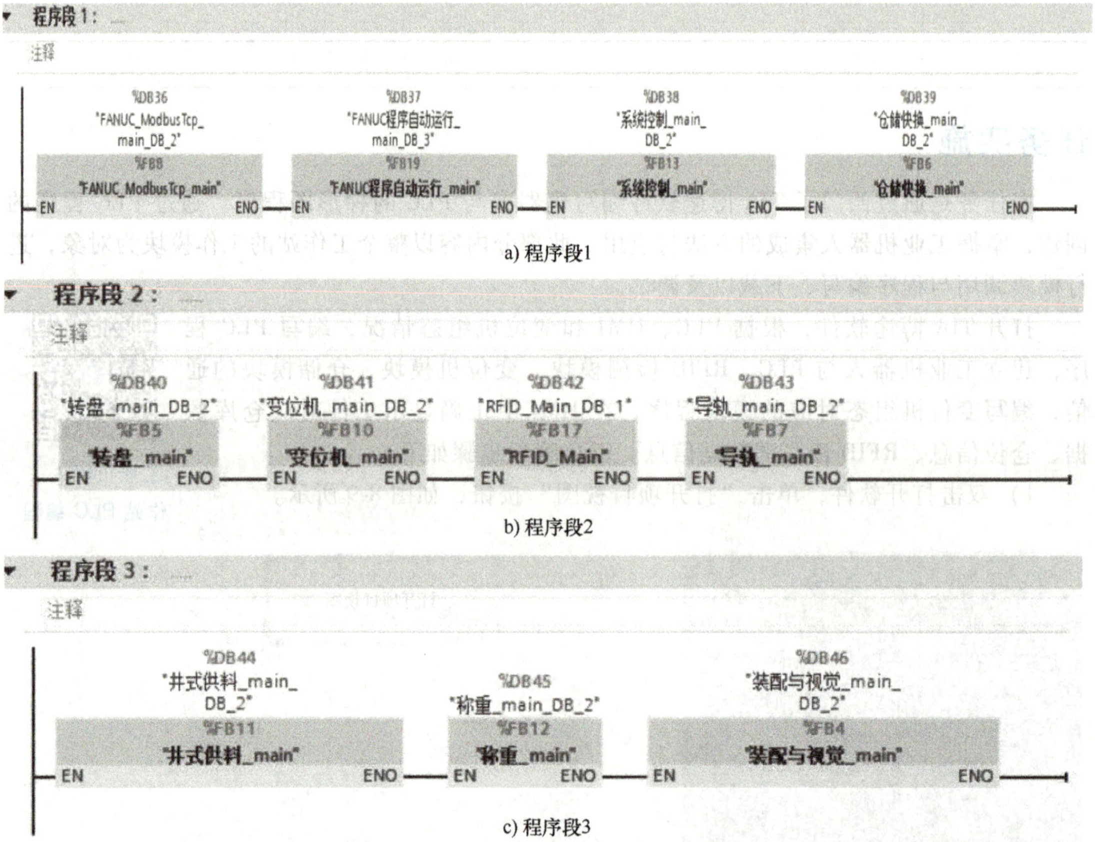

图 8-10　打开机器人 Main 程序

a) 程序段1

b) 程序段2

c) 程序段3

图 8-11　工业机器人工作站模块化程序

图 8-12　PLC 程序下载

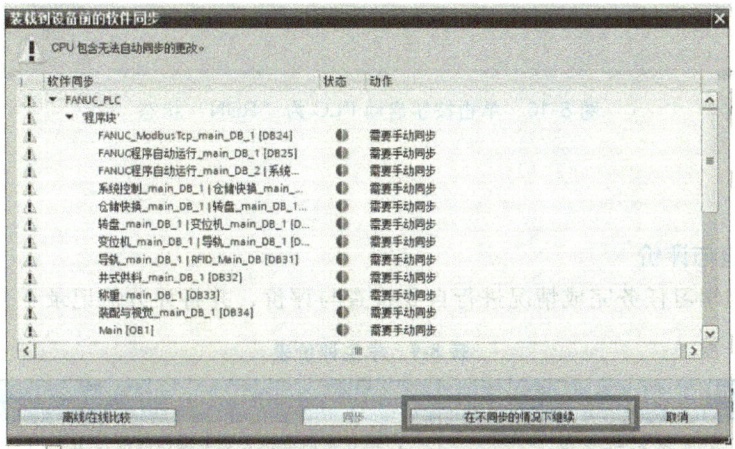

图 8-13 单击"在不同步的情况下继续"

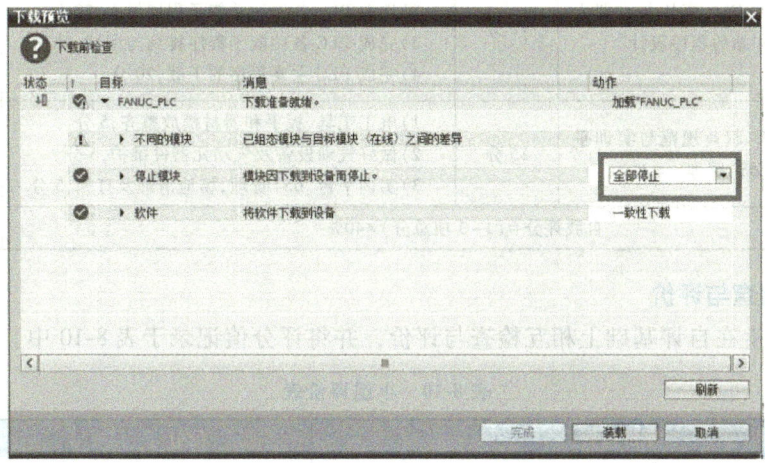

图 8-14 "停止模块"选择"全部停止"

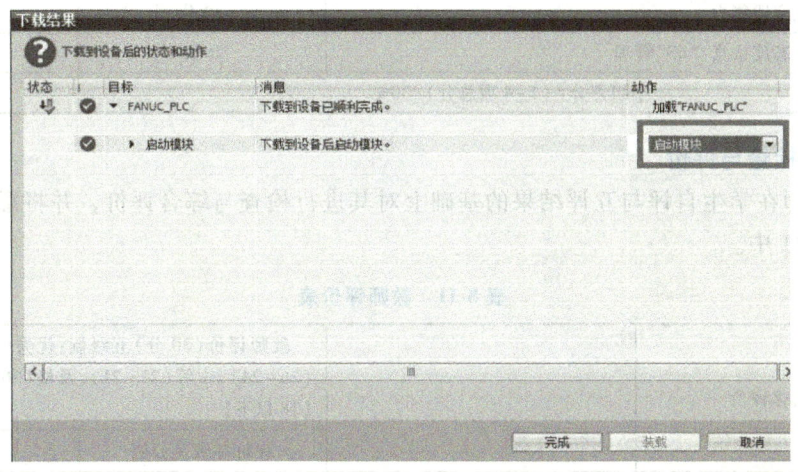

图 8-15 选择"启动模块"

图 8-16　单击按钮启动 PLC 为"RUN"状态

任务评价

1. 自我检查与评价

由学生根据学习任务完成情况进行自我检查与评价,并将评分值记录于表 8-9 中。

表 8-9　学生评价表

工作任务	考核内容	配分	评分标准	得分	备注
工业机器人与 PLC 信息交互	1. 安全意识与规范操作	10 分	1)遵守实训室相关安全操作规范,5 分 2)具备安全用电、规范操作的意识,5 分		
	2. PLC 模块与机器人工作站的程序设计	75 分	1)完成 TIA 博途软件 PLC 主程序创建,15 分 2)选取 PLC 各模块功能子程序导入,20 分 3)完成 PLC 各功能子程序排列与测试,20 分 4)完成 PLC 主要程序的下载,20 分		
	3. 职业规范与实训平台"6S"管理	15 分	1)电工工具、扳手和器材摆放整齐,5 分 2)做好气动设备及气动元器件维护,5 分 3)实训平台"6S"管理,场地清理及打扫,5 分		
		自我评分=(1~3 项总分)×40%			

2. 小组检查与评价

同小组学生在自评基础上相互检查与评价,并将评分值记录于表 8-10 中。

表 8-10　小组评价表

评价内容	配分	评分
1. 项目实施记录与客观自我评价	20 分	
2. PLC 模块的设置	40 分	
3. 团队协作、实践能力	20 分	
4. 安全意识、态度认真、"6S"管理	20 分	
小组评分=(1~4 项总分)×30%		

3. 教师检查与评价

指导教师在学生自评与互评结果的基础上对其进行检查与综合评价,并将意见与评分值记录于表 8-11 中。

表 8-11　教师评价表

教师总体评价		教师评价(30 分)五级制:优秀(30~27)、良好(26~24)、中等(23~21)、及格(20~18)、不及格(18 以下)
		评价等级及分值
总评分=自我评分+小组评分+教师评分		

任务反馈

项目学习情况	
心得与反思	

拓展训练

1. 简述 PLC 的概念，以及它在机器人工作站中的作用。
2. 查阅资料，简述本项目所用的 S7-1200 的具体型号，它的硬件连接 I/O 信号有哪些，以及电源如何连接。
3. 简述西门子 TIA 博途软件的编程方法及操作步骤。
4. 本项目的 PLC 软件，可以搭建几个模块组件？各功能模块名称是什么？
5. 运用西门子 TIA 博途编程软件，进行整个工作站 PLC 程序的编写、下载与调试。

任务三　工业机器人与变位机信息交互

任务目标

1）了解变位机模块的功能。
2）掌握伺服电动机的控制原理、功能及控制方法。
3）能够根据工作任务要求，完成基于 RFID 的电机装配机器人工作站变位机模块的设置。

任务准备

一、变位机模块的功能与准备

变位机模块配合电动机装配套件使用，可以将电动机放置在变位机上的夹紧气缸进行固定定位，然后再进行电动机的装配。变位机模块实物图如图 8-17 所示。在使用前，需要将模块安装在合适位置，并连接上伺服电动机的电源线和编码器线，再将绿色端子排与设备上的端子排使用配套线缆连接起来。在使用变位机时特别要注意的是，初次上电必须先将其手动旋转至原点位置，再进行寻原点操作，不可直接进行寻原点操作，使用时要防止缠绕管和信号线多次旋绕而折断，必须要先手动使用 HMI 将变位机旋转至原点旁边，出现问题立即单击 HMI 上的停止按钮即可或者按下急停按钮。使用 PLC 进行轴配置时，在调试时速度一定要放到最低，确保运行没有问题后，再将速度调节至合适位置并进行轴配置。

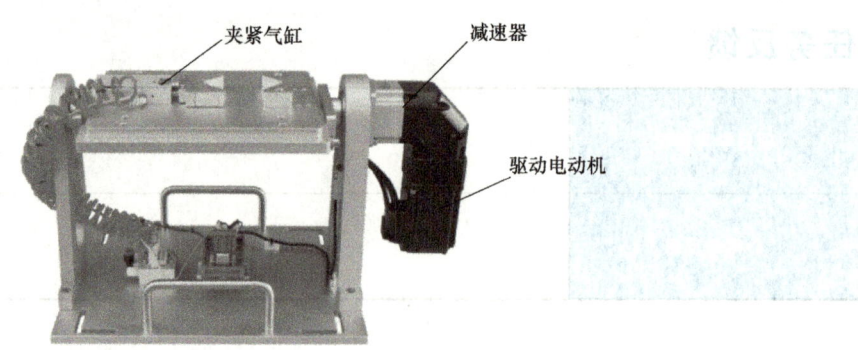

图 8-17 变位机模块

二、伺服电动机控制原理

伺服电动机是指在伺服系统中控制机械元件运转的电动机,是一种补助电动机间接变速的装置,可使控制速度、位置精度非常准确,可以将电压信号转化为转矩和转速以驱动控制对象。伺服电动机是一种常见的自动化机械元件,适用于有动力源、有一定精度要求的加工场景,如机床、印刷设备、包装设备、纺织设备、激光加工设备、机器人及自动化生产线。因为最初伺服电动机是应军事机械的要求而生,所以它的突出优点是高精度和高可靠性。

伺服系统是使物体的位置、方位、状态等输出被控量能够跟随输入目标(或给定值)的任意变化的自动控制系统。伺服电动机与单机异步电动机相比,有起动转矩大、运行范围较广、无自转现象三个显著特点。

本项目选择台达电动机,其 B3 伺服电动机驱动器面板如图 8-18 所示。

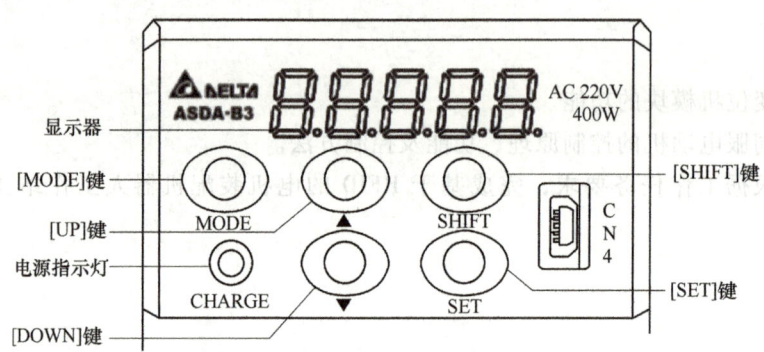

图 8-18 变位机 B3 伺服电动机驱动器面板

面板上各部分的功能如下:

1)显示器:五组七段显示器用于显示监视值、参数值及设定值。

2)[MODE] 键:切换监视模式、参数模式及异警模式,在编辑设定模式时,按 [MODE] 键可以切换回参数模式。

3)[UP] 键 (▲):变更监视码、参数码及设定值。

4)电源指示灯(CHARGE):主电源回路电容量的充电显示。

5)[DOWN] 键 (▼):变更监视码、参数码及设定值。

6)[SHIFT] 键:在参数模式下,可改变群组码;在编辑模式下,可使闪烁字符左移并修正较高的设定字符值;在监视模式下,可切换高低位数显示。

7)[SET]键:显示及储存设定值。在监视模式下,可切换十进制、十六进制的显示;在参数模式下,按[SET]键可进入编辑设定模式。

驱动器部分参数设置见表 8-12。

表 8-12 驱动器部分参数设置

参数及设置	参数码	设定值	功能说明
基本参数(伺服能够运行的前提)增益调整	p2-08	10	"10"表示恢复出厂设置
	p1-00	2	表示脉冲+方向控制方式
	p1-01	0	表示位置控制模式
	p1-32	0	表示停止方式为立即停止
	p1-37	先 10 后 1	"10"表示负载惯量和电动机本身惯量比,在调试时伺服自动估算。1 是默认值,设置为 1 时调整 p2-00 才会生效
	p1-44	16	电子齿轮比分子
	p1-45	1	电子齿轮比分母(默认值为 10)
	p2-15	122	数字输入引脚 DI6 功能,默认是 22,即负限位信号;百位设为 1,即改变高低电平有效
	p2-16	123	数字输入引脚 DI7 功能,默认是 23,即正限位信号;百位设为 1,即改变高低电平有效
	p2-17	121	数字输入引脚 DI8 功能,默认是 23,即电动机急停信号;百位设为 1,即改变高低电平有效
	p2-18	108	设定第一路数字量输出(DO1)为电磁抱闸信号
	p2-10	101	数字输入引脚 DI1 功能,即伺服 ON 信号,百位设为 1 即改变高低电平有效
扩展参数(伺服运行平稳必须的参数,可自动整定,也可手动设置)	p2-00	35	位置控制比例增益(提升位置应答性,缩小位置控制误差,太大容易产生噪声)
	p2-04	1500	速度控制增益(提升速度应答性,太大容易产生噪声)
	p2-06		速度积分补偿(提升速度应答性,缩小速度控制误差,太大容易产生噪声)
共振抑制的设置	p2-23		第一组机械共振频率设定值(开启第一组机械共振频率时,P2-24 不能为 0)
	p2-25		共振抑制低通滤波
	p2-26		外部干扰抵抗增益
	p2-47		自动共振抑制设为 1,抑振后自动固定
	p2-49		速度检测滤波及微振抑制
设置完以上参数后开始自动	p2-32	1 或 2	设为 1 或 2,伺服电动机驱动器在运行过程中每半个小时估测负载变量比到 p1-37,再结合 p2-31 的刚性及频宽设置,自动修改 p2-00、p2-04、p2-06、p2-25、p2-26、p2-49 等参数。此外还可以把 p2-32 设为 0,进行手动调整。当 p2-33 为 1 时,p1-37 惯量比估算完成,以上相应参数固定
	p1-01		控制模式切换:0 表示脉冲方向输入,1 表示 PR 模式控制

任务分析

在了解变位机模块结构、伺服电动机控制原理基础上，进行多变位机模块伺服电动机驱动和 I/O 信号设置，根据基于 RFID 的电动机装配任务要求进行 PLC 侧软件设置。

1. 工作计划

引导问题 1：伺服电动机的主要参数有哪些？如何进行变位机驱动器设置？

_____

_____

引导问题 2：如何设置变位机模块与工业机器人之间的 I/O 信号连接？

_____

_____

引导问题 3：简述 PLC 伺服设置与控制方法。

_____

_____

2. 进行决策

引导问题 1：分组讨论该变位机模块的硬件配置。

_____

_____

引导问题 2：师生讨论并确定变位机模块的 PLC 侧设置。

_____

_____

任务实施

本任务是通过西门子 TIA 博途软件对伺服电动机进行参数设置。通过运动控制的创建，掌握 PLC 对伺服电动机的控制，进而控制变位机工作位置的变化。

1. 变位机模块的 I/O 信号设置

变位机模块对应工业机器人的 I/O 信号及其功能见表 8-13。在编写程序时根据实际需要设置 I/O 信号。

2. 变位机模块配置步骤

1）使用 TIA 博途 V15.1 软件，连接至 S7-1200PLC。若不知道序列号，可以新建一个空的模板，进行在线上载。配置好 PLC 型号后，选择"运动控制"，再选择"轴"，并命名，如图 8-19 所示。

表 8-13 变位机模块对应工业机器人的 I/O 信号及其功能

信号	信号功能
DO[161]	轴报警复位
DO[162]	轴寻原点
DO[163]	轴停止
DO[164]	轴运转到绝对位置 1
DO[165]	轴运转到绝对位置 2
DO[166]	轴运转到绝对位置 3
DI[161]	轴报警状态："0"到达无报警,"1"到达发生报警
DI[162]	轴回原点状态："0"到达未回原点,"1"到达回原点完成
DI[163]	轴运行状态："0"到达停止状态,"1"到达运行中
DI[164]	轴位置 1 状态："0"到达不在此位置,"1"到达此位置
DI[165]	轴位置 2 状态："0"到达不在此位置,"1"到达此位置
DI[166]	轴位置 3 状态："0"到达不在此位置,"1"到达此位置

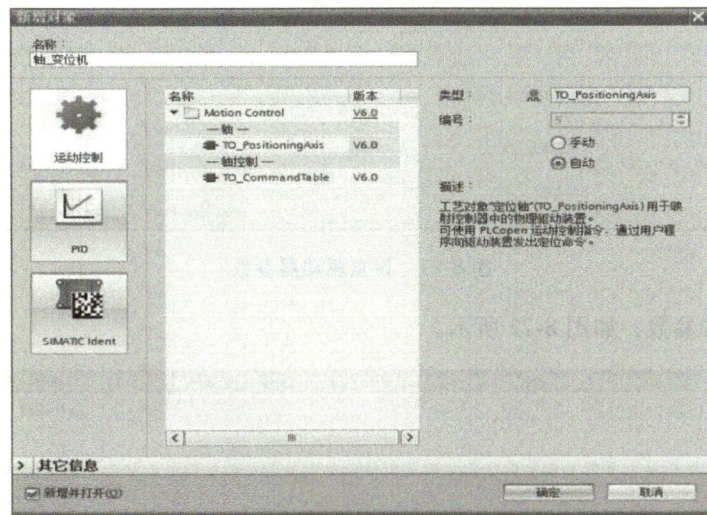

图 8-19　运动控制轴命名

2）选择测量单位，如图 8-20 所示。

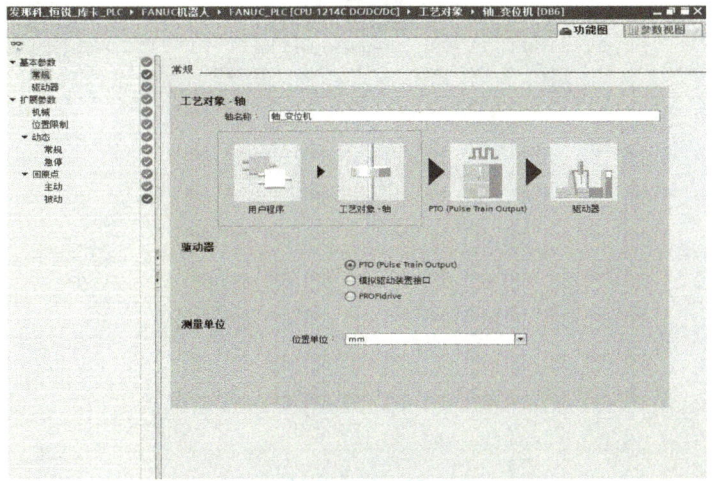

图 8-20　选择测量单位

3）设置驱动器参数，如图 8-21 所示。

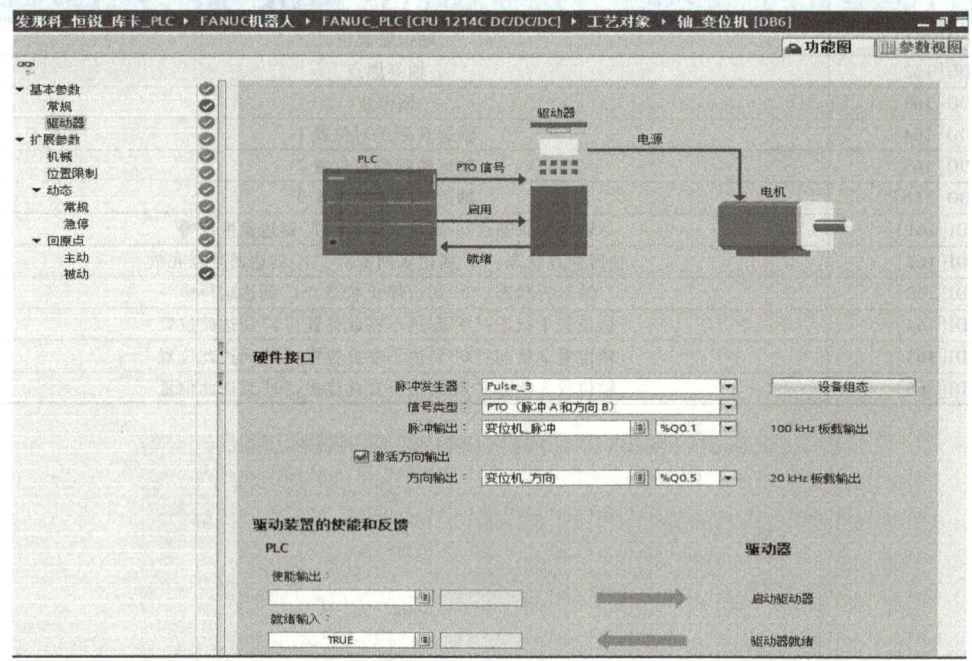

图 8-21　设置驱动器参数

4）设置机械参数，如图 8-22 所示。

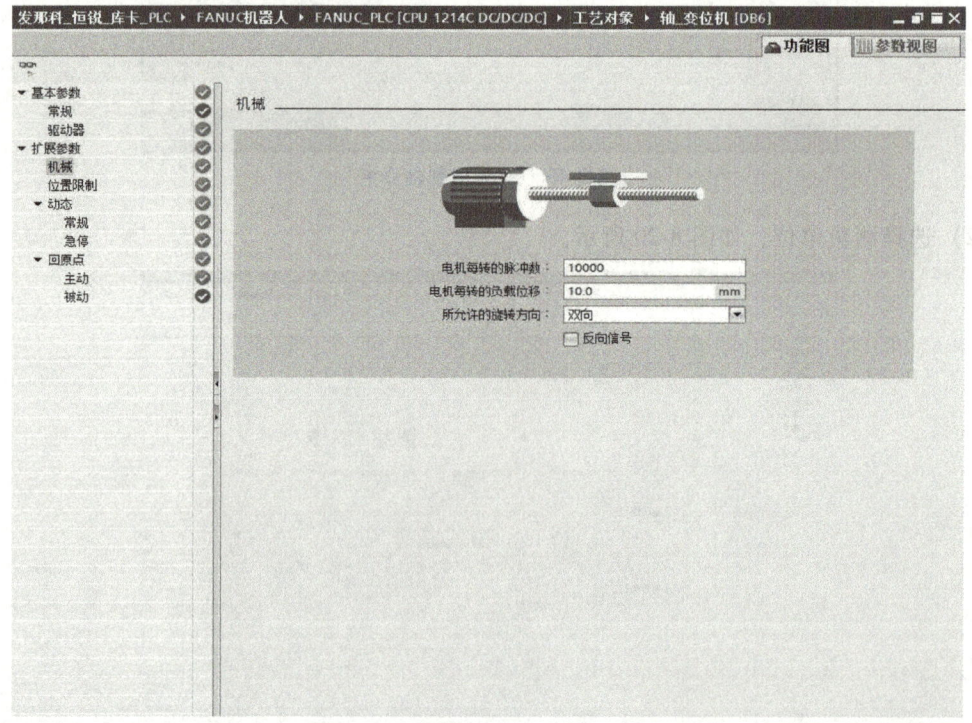

图 8-22　设置机械参数

5）在"位置限制"界面中，启用硬限位开关，如图8-23所示。

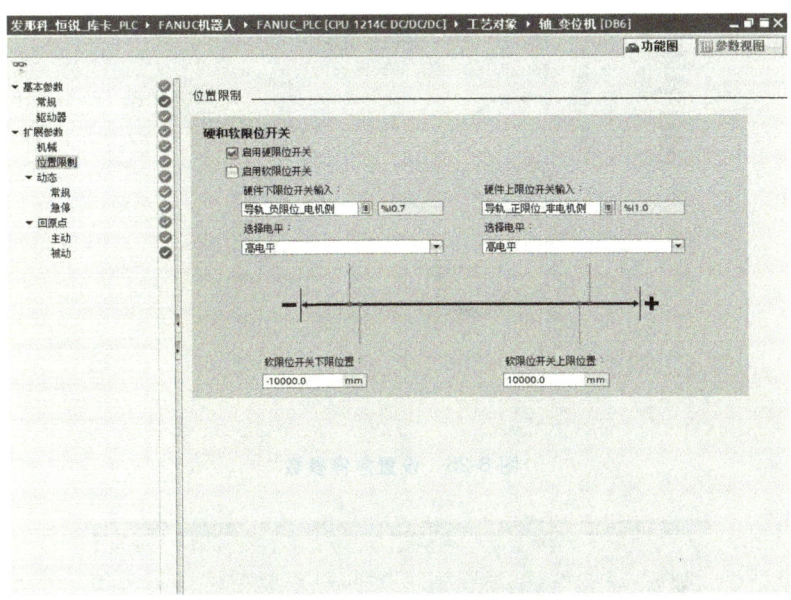

图8-23 启用硬限位开关

6）设置常规动态参数，如图8-24所示。

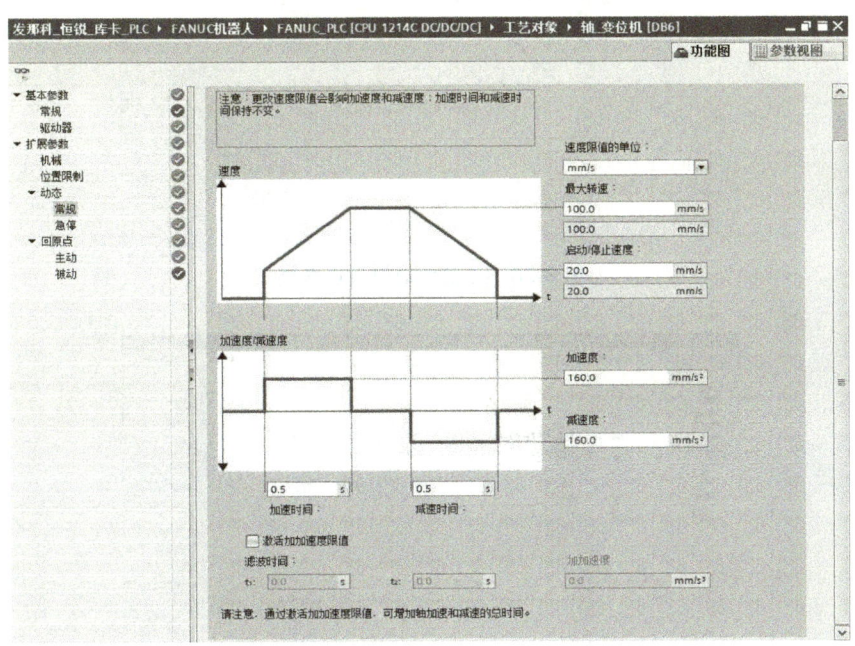

图8-24 设置常规动态参数

7）设置急停参数，如图8-25所示。

8）设置主动回原点参数，如图8-26所示。

9）设置被动回原点参数，如图8-27所示。

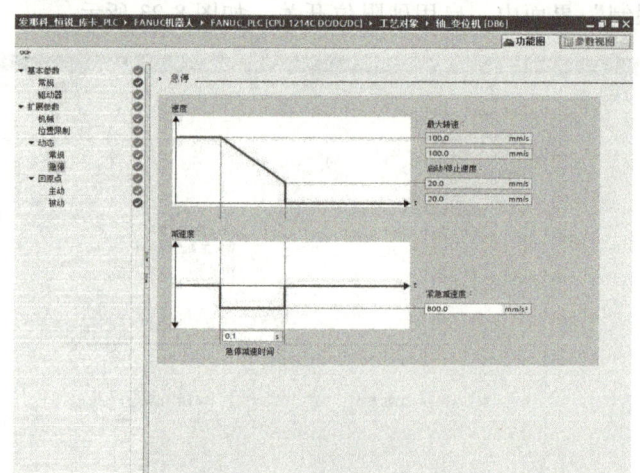

图 8-25　设置急停参数

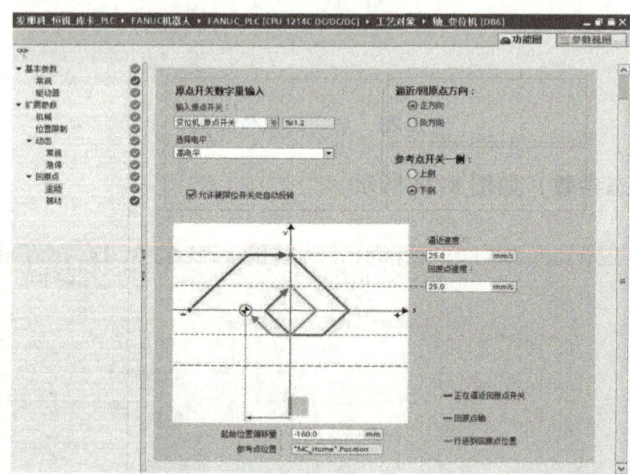

图 8-26　设置主动回原点参数

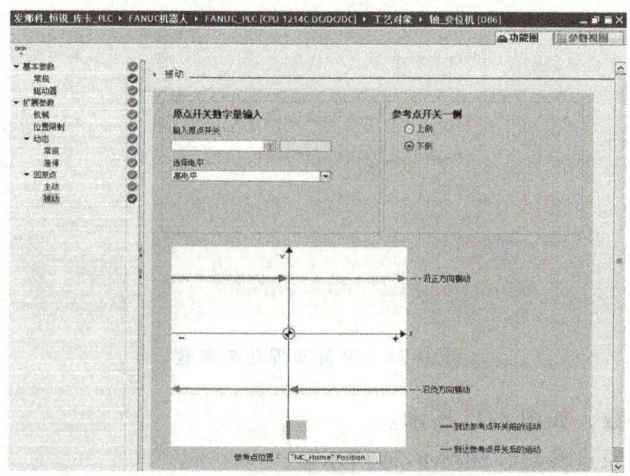

图 8-27　设置被动回原点参数

任务评价

1. 自我检查与评价

学生根据工作任务完成情况进行自我检查与评价，并将评分值记录于表 8-14 中。

表 8-14 学生评价表

工作任务	考核内容	配分	评分标准	得分	备注
工业机器人与变位机信息交互	1. 安全意识与规范操作	10 分	1) 遵守实训室相关安全操作规范, 5 分 2) 具备安全用电、规范操作的意识, 5 分		
	2. 变位机模块的认识与基础配置	35 分	1) 完成变位机模块的安装, 15 分 2) 完成伺服电动机驱动参数配置, 10 分 3) 完成伺服驱动面板操作测试, 10 分		
	3. 变位机模块的 PLC 配置	40 分	1) 完成变位机模块 PLC 配置, 20 分 2) 完成变位机模块调试测试, 20 分		
	4. 职业规范与实训平台"6S"管理	15 分	1) 电工工具、扳手和器材摆放整齐, 5 分 2) 做好气动设备及气动元器件维护, 5 分 3) 实训平台"6S"管理, 场地清理及打扫, 5 分		
			自我评分 = (1~4 项总分)×40%		

2. 小组检查与评价

同小组学生在自评基础上相互检查与评价，并将评分值记录于表 8-15 中。

表 8-15 小组评价表

评价内容	配分	评分
1. 项目实施记录与客观自我评价	20 分	
2. 变位机模块安装及其 PLC 配置和调试情况	40 分	
3. 团队协作、实践能力	20 分	
4. 安全意识、态度认真、"6S"管理	20 分	
小组评分 = (1~4 项总分)×30%		

3. 教师检查与评价

指导教师在学生自评与互评结果的基础上对其进行检查与综合评价，并将意见与评分值记录于表 8-16 中。

表 8-16 教师评价表

教师总体评价		教师评价(30 分)五级制: 优秀(30~27)、良好(26~24)、中等(23~21)、及格(20~18)、不及格(18 以下)	
		评价等级及分值	
总评分 = 自我评分+小组评分+教师评分			

任务反馈

项目学习情况	
心得与反思	

拓展训练

1. 简述变位机模块中 PLC 侧 TIA 博途软件的配置步骤，并在软件中进行实操调试。
2. 简述伺服电动机的原理，查阅技术手册，简述如何进行驱动器设置。
3. 查阅台达伺服电动机相关资料，绘制 PLC 与伺服电动机驱动器的控制电路图。
4. 如何进行伺服电动机回原点、点动正转和点动反转操作？

任务四　基于 RFID 的电动机装配机器人工作站的编程应用

任务目标

1）掌握基于 RFID 的电动机装配机器人工作站的相关编程指令的应用。
2）掌握基于 RFID 的电动机装配机器人工作站 I/O 信号的配置。
3）能够根据工作任务要求，编制基于 RFID 的电动机装配机器人工作站程序。

电动机装配工作站编程实训

任务准备

一、基于 RFID 的电动机装配机器人工作站的准备与工作任务

现有一台基于 RFID 的电动机装配机器人工作站，工作站由 FANUC 工业机器人、电动机搬运模块、变位机模块、快换装置、仓储模块、RFID 检测模块等组成，工作站布局如图 8-4 所示。关节坐标系下工业机器人工作原点位置为 [0°, 0°, 0°, 0°, -90°, 0°]。

工业机器人手爪工具放置位置如图 6-33 所示。

基于 RFID 的电动机装配机器人工作站控制要求如下：

1）工件准备：本任务需要完成 1 套电动机模型的装配、检测和入库过程。手动将 1 个电动机定子放置在电动机装配模块电动机定子库位，1 个电动机端盖放置在电动机装配模块电动机端盖库位，1 个电子转子放置在电动机装配模块电动机转子库位。

2）工作站工作过程：

① 系统初始复位：手动操作将工业机器人移动至安全位置，检查仓库内无工件，工业机器人末端无手爪工具，工业机器人返回至工作原点（关节坐标系工作原点位置为 [0°, 0°, 0°, 0°, -90°, 0°]），变位机处于水平状态，HMI 上 RFID 读取数据清零；电动机装配模块中定子等的摆放位置如图 8-28 所示。

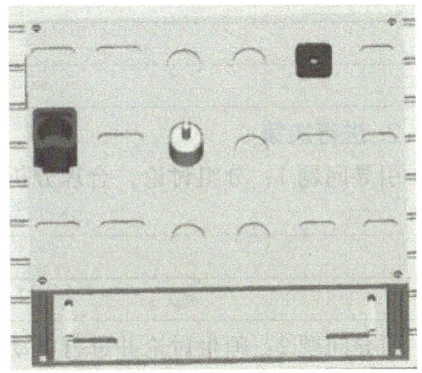

图 8-28　电动机装配模块中定子等的摆放位置

② 末端手爪工具选择：工业机器人移至快换装置模块，选择电动机定子手爪工具。

③ 定子放置：变位机处于水平状态，工业机器人抓取电动机定子放置在电动机装配模块上。

④ 电动机装配：电动机定子放置完成后，变位机从水平位置旋转至工业机器人侧，工业机器人切换末端手爪工具，继续从电动机装配模块上抓取电动机转子装配到定子中，装配完成后工业机器人切换末端手爪工具，继续从电动机装配模块上抓取端盖进行装配，完成一套电动机的装配。

⑤ 电动机检测：变位机旋转至水平状态，工业机器人切换末端手爪工具，将完成装配的电动机抓取至 RFID 上方进行数据读写，判断该电动机对应的库位。

⑥ 成品入库：数据监测完成后，工业机器人将电动机放入对应的库位，完成一套电动机的装配检测流程。

⑦ 系统结束复位：待电动机入库完成后，工业机器人自动将末端手爪工具放入快换装置并返回工作原点 [0°, 0°, 0°, 0°, -90°, 0°]，夹紧气缸全部缩回，变位机回至水平位置。

⑧ 系统急停：若在工业机器人运行过程中按下急停按钮，则工业机器人立即停止。停止后须手动操作工业机器人返回到工作原点 [0°, 0°, 0°, 0°, -90°, 0°]，重新加载程序且系统复位后，重新按照步骤①可再次运行工业机器人系统。

二、涉及的相关编程指令

涉及的相关编程指令如下。
1) L 线性运动指令。
2) J 关节运动指令。
3) C 圆弧运动指令。
4) DO[115] = ON/OFF。
5) CALL 指令。
6) WAIT 指令。
7) IF 指令。

任务分析

1. 工作计划

引导问题：规划基于 RFID 的电动机装配机器人工作站的工作路径，并设计程序编辑流程图。

2. 进行决策

引导问题 1：分组讨论，合理分析电动机装配的装配路径及对其的优化。

引导问题 2：师生讨论并进行电动机装配的程序设计。

任务实施

1. 工作站 I/O 信号设置

基于 RFID 的电动机装配机器人工作站中 I/O 信号的功能见表 8-17。在编写程序时，根据实际需要设置 I/O 信号。

表 8-17 工作站中 I/O 信号的功能

信号	信号功能
DI[164]	变位机到达 1 号位置（水平位置夹紧电动机位置）
DI[165]	变位机到达 2 号位置（靠工业机器人侧装配转子位置）
DI[166]	变位机到达 3 号位置
DO[164]	变位机去 1 号位置
DO[165]	变位机去 2 号位置
DO[166]	变位机去 3 号位置
DO[162]	变位机回原点
DO[241]	装配气缸推紧
DI[241]	装配气缸后限位
RO[1]	工业机器人快换手爪工具信号
RO[3]	工业机器人手爪工具信号
GI5 = 1	RFID 数据为 1
GI5 = 2	RFID 数据为 2
GI5 = 3	RFID 数据为 3
GI5 = 4	RFID 数据为 4
DO[194]	RFID 启动信号

2. 基于 RFID 的电动机装配机器人工作站的示教要求及程序编写

（1）基于 RFID 的电动机装配机器人工作站示教要求

1）在进行电动机搬运示教时，抓取定子、转子和端盖时必须切换手爪工具。

2）在进行 RFID 识别检测时，要调用 IF、FOR 等机器人指令。

3）工业机器人运行轨迹要求平缓流畅。

4）因该工作站涉及的目标点较多，可将程序分解为多个子程序，每个子程序包含一个独立的目标点程序，在主程序中调用不同的子程序即可，这样程序结构清晰，利于查看修改。本项目将设置一个主程序和若干子程序。

（2）设计基于 RFID 的电动机装配机器人工作站程序流程图　根据基于 RFID 的电动机装配机器人工作站控制功能，设计程序流程图，如图 8-29 所示，其动作包括系统初始化、取手爪工具、电动机装配、RFID 识别与入库、放手爪工具、工业机器人归位，动作结束。

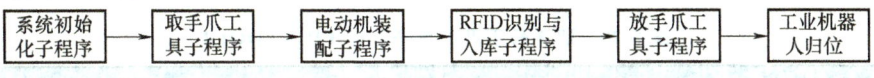

图 8-29　基于 RFID 的电动机装配机器人工作站程序流程图

（3）工作站程序编写　工作站的具体程序分为主程序与十五个子程序，工作站的具体程序见表 8-18~表 8-33。

表 8-18　主程序 RSR0001

程序行	指令	注释
1	CALL　INITIALIZE	调用系统初始化子程序
2	CALL　PICKTOOL4	调用取 4 号手爪工具子程序
3	CALL　PICKDJZP	调用抓电动机定子至变位机子程序
4	CALL　PLACETOOL4	调用放 4 号手爪工具子程序
5	CALL　PICKTOOL1	调用取 1 号手爪工具子程序
6	CALL　PICKZZ	调用装配转子子程序
7	CALL　PLACETOOL1	调用放 1 号手爪工具子程序
8	CALL　PICKTOOL2	调用取 2 号手爪工具子程序
9	CALL　PICKGZ	调用装配电动机端盖子程序
10	CALL　PLACETOOL2	调用放 2 号手爪工具子程序
11	CALL　PICKTOOL4	调用取 4 号手爪工具子程序
12	CALL　PICKDJRK	调用电动机入库子程序
13	CALL　PLACETOOL4	调用放 4 号手爪工具子程序
14	J　PR[19]　100%　FINE	工业机器人回到 HOME 点
15	END	程序执行完毕

表 8-19　系统初始化子程序 INITIALIZE

程序行	指令	注释
1	DO[241:OFF]=OFF	复位装配气缸
2	DO[164:OFF]=OFF	复位变位机 1 号位置

（续）

程序行	指令	注释
3	DO[165:OFF]=OFF	复位变位机2号位置
4	DO[166:OFF]=OFF	复位变位机3号位置
5	DO[152:OFF]=OFF	清除转盘到位信号
6	DO[137:OFF]=OFF	复位转盘启动信号
7	DO[194:OFF]=OFF	复位RFID检测信号
8	RO[1:OFF]=OFF	复位快换手爪工具信号
9	RO[3:OFF]=OFF	复位手爪工具信号
10	J PR[19] 20% CNT100	工业机器人回到HOME点
11	END	程序执行完毕

表8-20 取4号手爪工具子程序 PICKTOOL4

程序行	指令	注释
1	J P[1] 20% CNT100	到达安全位置
2	J P[2] 100% CNT100	到达中间位置
3	L P[3] 50mm/sec FINE	到达抓取位置
4	RO[1:OFF]=ON	取4号手爪工具
5	WAIT 1.00(sec)	等待1s
6	L P[4] 50mm/sec FINE	抬起4号手爪工具
7	L P[5] 100mm/sec FINE	移出4号夹具库
8	L P[6] 100mm/sec FINE	移至安全位置
9	J PR[19] 100mm/sec FINE	工业机器人回到HOME点
10	END	程序结束

表8-21 取电动机定子至变位机子程序 PICKDJZP

程序行	指令	注释
1	DO[164:OFF]=ON	驱动变位机前往1号位置
2	WAIT DI[164:OFF]=ON	等待变位机到达1号位置
3	DO[164:OFF]=OFF	复位DO[164]数字信号
4	J P[1] 20% CNT100	到达安全位置1
5	L P[2] 50mm/sec FINE	到达抓取位置2
6	RO[3:OFF]=ON	夹取电动机定子
7	WAIT 1.00(sec)	等待1s夹紧
8	L P[1] 100mm/sec FINE	夹取电动机定子移至安全位置
9	L P[3] 100mm/sec FINE	到达中间位置3
10	L P[4] 100mm/sec FINE	到达安全位置4
11	L P[5] 100mm/sec FINE	到达放置位置5
12	DO[241:OFF]=ON	装配气缸夹紧

(续)

程序行	指令	注释
13	WAIT 1.00(sec)	等待1s
14	RO[3:OFF]=OFF	放置电动机定子
15	WAIT 1.00(sec)	等待1s
16	L P[4] 100mm/sec FINE	移动至安全位置

表8-22 放4号手爪工具子程序 PLACETOOL4

程序行	指令	注释
1	J P[1] 20% CNT100	到达中间位置
2	J P[2] 100mm/sec FINE	移至接近4号手爪工具位置
3	L P[3] 100mm/sec FINE	到达4号手爪工具位置上方
4	L P[4] 100mm/sec FINE	到达4号手爪工具位置
5	RO[1:OFF]=OFF	放置4号手爪工具
6	WAIT 1.00(sec)	等待1s
7	L P[5] 100mm/sec FINE	移至安全位置
8	J PR[19] 100mm/sec FINE	工业机器人回到HOME点
9	END	程序结束

表8-23 取1号手爪工具子程序 PICKTOOL1

程序行	指令	注释
1	J P[1] 20% CNT100	到达安全位置
2	J P[2] 100% CNT100	到达中间位置
3	L P[3] 50mm/sec FINE	到达抓取位置
4	RO[1:OFF]=ON	取1号手爪工具
5	WAIT 1.00(sec)	等待1s
6	L P[4] 50mm/sec FINE	抬起1号手爪工具
7	L P[5] 100mm/sec FINE	移出1号夹具库
8	L P[6] 100mm/sec FINE	抬起至安全位置
9	J PR[19] 100mm/sec FINE	工业机器人回到HOME点
10	END	程序结束

表8-24 装配抓电动机转子子程序 PICKZZ

程序行	指令	注释
1	DO[165:OFF]=ON	驱动变位机前往2号位置
2	WAIT DI[165:OFF]=ON	等待变位机位置到达
3	DO[165:OFF]=OFF	复位变位机前往2号位置信号
4	J P[1] 20% CNT100	到达安全位置1
5	L P[3] 100mm/sec FINE	到达安全位置3

(续)

程序行	指令	注释
6	L P[5] 100mm/sec FINE	到达抓取位置
7	RO[3:OFF]=ON	抓取转子
8	WAIT 1.00(sec)	等待 1s
9	L P[3] 100mm/sec FINE	移至安全位置 3
10	L P[2] 100mm/sec FINE	到达放置中间位置 1
11	L P[4] 100mm/sec FINE	到达放置位置
12	RO[3:OFF]=OFF	手爪张开,装配转子
13	WAIT 1.00(sec)	等待 1s
14	L P[2] 100mm/sec FINE	移至安全位置 2
15	J PR[19] 100mm/sec FINE	工业机器人回到 HOME 点
16	END	程序结束

表 8-25 放 1 号手爪工具子程序 PLACETOOL1

程序行	指令	注释
1	J P[1] 20% CNT100	到达中间位置
2	J P[2] 100mm/sec FINE	移至接近 1 号手爪工具位置
3	L P[3] 100mm/sec FINE	到达 1 号手爪工具位置上方
4	L P[4] 100mm/sec FINE	到达 1 号手爪工具位置
5	RO[1:OFF]=OFF	放置 1 号手爪工具
6	WAIT 1.00(sec)	等待 1s
7	L P[5] 100mm/sec FINE	移至安全位置
8	J PR[19] 100mm/sec FINE	工业机器人回到 HOME 点
9	END	程序结束

表 8-26 取 2 号手爪工具子程序 PICKTOOL2

程序行	指令	注释
1	J P[1] 20% CNT100	到达安全位置
2	J P[2] 100% CNT100	到达中间位置
3	L P[3] 50mm/sec FINE	到达抓取位置
4	RO[1:OFF]=ON	取 2 号手爪工具
5	WAIT 1.00(sec)	等待 1s
6	L P[4] 50mm/sec FINE	抬起 2 号手爪工具
7	L P[5] 100mm/sec FINE	移出 2 号夹具库
8	L P[6] 100mm/sec FINE	抬起移至安全位置
9	J PR[19] 100mm/sec FINE	工业机器人回到 HOME 点
10	END	程序结束

表 8-27 装配电动机端盖子程序 PICKGZ

程序行	指令	注释
1	J P[1] 20% CNT100	到达安全位置1
2	RO[3]=OFF	复位手爪工具信号
3	L P[3] 100mm/sec FINE	到达安全位置3
4	L P[5] 100mm/sec FINE	到达抓取位置
5	RO[3:OFF]=ON	抓取电动机端盖
6	WAIT 1.00(sec)	等待1s
7	L P[3] 100mm/sec FINE	提取至安全位置3
8	L P[2] 100mm/sec FINE	到达放置中间位置1
9	L P[4] 100mm/sec FINE	到达放置位置
10	RO[3:OFF]=OFF	手爪张开,装配转子
11	WAIT 1.00(sec)	等待1s
12	L P[2] 100mm/sec FINE	移至安全位置2
13	J PR[19] 100mm/sec FINE	工业机器人回到HOME点
14	END	程序结束

表 8-28 放2号手爪工具子程序 PLACETOOL2

程序行	指令	注释
1	J P[1] 20% CNT100	到达中间位置
2	J P[2] 100mm/sec FINE	移至接近2号手爪工具位置
3	L P[3] 100mm/sec FINE	到达2号手爪工具位置上方
4	L P[4] 100mm/sec FINE	到达2号手爪工具位置
5	RO[1:OFF]=OFF	放置2号手爪工具
6	WAIT 1.00(sec)	等待1s
7	L P[5] 100mm/sec FINE	移至安全位置
8	J PR[19] 100mm/sec FINE	工业机器人回到HOME点
9	END	程序结束

表 8-29 电动机成品入库子程序 PICKDJRK

程序行	指令	注释
1	DO[164:OFF]=ON	驱动变位机前往1号位置
2	WAIT DI[164:OFF]=ON	等待变位机到达1号位置
3	DO[164:OFF]=OFF	复位变位机前往1号位置信号
4	J P[1] 20% CNT100	到达安全位置1
5	RO[3]=OFF	复位手爪工具信号
6	L P[3] 100mm/sec FINE	到达安全位置3
7	L P[5] 100mm/sec FINE	到达抓取位置5
8	RO[3:OFF]=ON	抓取电动机成品

(续)

程序行	指令	注释
9	WAIT 1.00(sec)	等待 1s
10	DO[241:OFF]=OFF	气缸缩回
11	WAIT DI[241:OFF]=ON	等待气缸缩回到位
12	L P[3] 100mm/sec FINE	提取至安全位置 3
13	L P[2] 100mm/sec FINE	检测中间位置
14	L P[4] 100mm/sec FINE	检测位置
15	WAIT 1.00(sec)	等待 1s
16	DO[194:OFF]=ON	开启 RFID 检测
17	L P[7] 100mm/sec FINE	进行 RFID 检测（距离 RFID 2mm 高度处前后移动一下）
18	WAIT 2.00(sec)	等待 2s
19	L P[8] 100mm/sec FINE	检测完毕,移至安全位置
20	IF GI[5]=1,CALL WAREHOUSE1	如果检测的结果为 GI[5]=1,则入 1 号库（调用 1 号入库子程序）
21	IF GI[5]=2,CALL WAREHOUSE2	如果检测的结果为 GI[5]=2,则入 2 号库（调用 2 号入库子程序）
22	IF GI[5]=3,CALL WAREHOUSE3	如果检测的结果为 GI[5]=3,则入 3 号库（调用 3 号入库子程序）
23	IF GI[5]=4,CALL WAREHOUSE4	如果检测的结果为 GI[5]=4,则入 4 号库（调用 4 号入库子程序）
24	ENDFOR	循环结束
25	J PR[19] 100mm/sec FINE	工业机器人回到 HOME 点
26	END	程序结束

表 8-30 入 1 号库位子程序 WAREHOUSE1

程序行	指令	注释
1	L P[1] 100mm/sec FINE	到达安全位置
2	L P[2] 100mm/sec FINE	到达放置位置
3	RO[3:OFF]=OFF	放入 1 号库位
4	WAIT 1.00(sec)	等待 1s
5	L P[3] 100mm/sec FINE	退出 1 号库位
6	L PR[19] 100mm/sec FINE	工业机器人回到 HOME 点
7	DO[194:OFF]=OFF	关闭 RFID 检测

表 8-31 入 2 号库位子程序 WAREHOUSE2

程序行	指令	注释
1	L P[21] 100mm/sec FINE	到达安全位置
2	L P[22] 100mm/sec FINE	到达放置位置
3	RO[3:OFF]=OFF	放入 2 号库位

(续)

程序行	指令	注释
4	WAIT 1.00(sec)	等待 1s
5	L P[23] 100mm/sec FINE	退出 2 号库位
6	L PR[19] 100mm/sec FINE	工业机器人回到 HOME 点
7	DO[194:OFF]=OFF	关闭 RFID 检测

表 8-32 入 3 号库位子程序 WAREHOUSE3

程序行	指令	注释
1	L P[31] 100mm/sec FINE	到达安全位置
2	L P[32] 100mm/sec FINE	到达放置位置
3	RO[3:OFF]=OFF	放入 3 号库位
4	WAIT 1.00(sec)	等待 1s
5	L P[33] 100mm/sec FINE	退出 3 号库位
6	L PR[19] 100mm/sec FINE	工业机器人回到 HOME 点
7	DO[194:OFF]=OFF	关闭 RFID 检测

表 8-33 入 4 号库位子程序 WAREHOUSE4

程序行	指令	注释
1	L P[41] 100mm/sec FINE	到达安全位置
2	L P[42] 100mm/sec FINE	到达放置位置
3	RO[3:OFF]=OFF	放入 4 号库位
4	WAIT 1.00(sec)	等待 1s
5	L P[43] 100mm/sec FINE	退出 4 号库位
6	L PR[19] 100mm/sec FINE	工业机器人回到 HOME 点
7	DO[194:OFF]=OFF	关闭 RFID 检测

任务评价

1. 自我检查与评价

由学生根据学习任务完成情况进行自我检查与评价,并将评分值记录于表 8-34 中。

表 8-34 学生评价表

工作任务	考核内容	配分	评分标准	得分	备注
基于 RFID 的电动机装配机器人工作站的编程应用	1. 安全意识与规范操作	10 分	1)遵守实训室相关安全操作规范,5 分 2)具备安全用电、规范操作的意识,5 分		
	2. 基于 RFID 的电动机装配机器人工作站的程序设计	35 分	1)完成工业机器人装配转子的程序,7 分 2)完成工业机器人装配端盖的程序,8 分 3)完成电动机 RFID 检测程序,10 分 4)完成电动机入库程序,10 分		

(续)

工作任务	考核内容	配分	评分标准	得分	备注
基于 RFID 的电动机装配机器人工作站的编程应用	3. 基于 RFID 的电动机装配机器人工作站的程序调试	40 分	1）完成工作站的各子程序调试，20 分 2）完成工作站的整机联调，20 分		
	4. 职业规范与实训平台"6S"管理	15 分	1）电工工具、扳手和器材摆放整齐，5 分 2）做好气动设备及气动元器件维护，5 分 3）实训平台"6S"管理，场地清理及打扫，5 分		
	自我评分＝(1～4 项总分)×40%				

2. 小组检查与评价

同小组学生在自评基础上相互检查与评价，并将评分值记录于表 8-35 中。

表 8-35 小组评价表

评价内容	配分	评分
1. 项目实施记录与客观自我评价	20 分	
2. 基于 RFID 的电动机装配机器人工作站的程序编写情况	40 分	
3. 团队协作、实践能力	20 分	
4. 安全意识、态度认真、"6S"管理	20 分	
小组评分＝(1～4 项总分)×30%		

3. 教师检查与评价

指导教师在学生自评与互评结果的基础上对其进行检查与综合评价，并将意见与评分值记录于表 8-36 中。

表 8-36 教师评价表

教师总体评价		教师评价（30 分）五级制：优秀（30～27）、良好（26～24）、中等（23～21）、及格（20～18）、不及格（18 以下）	
		评价等级及分值	
总评分＝自我评分＋小组评分＋教师评分			

任务反馈

项目学习情况	
心得与反思	

拓展训练

1. 基于 RFID 的电动机装配机器人工作站中，PLC 编程涉及多少个模块化程序？

2. 基于 RFID 的电动机装配机器人工作站程序中，如何引入循环指令 FOR 和 IF 语句进行编程？

3. 基于 RFID 的电动机装配机器人工作站程序中具有多少个子程序？如何调用这些子程序？

4. 叙述电动机装配整个程序编写过程、RFID 涉及的指令和 I/O 信号。

5. 结合 RFID 检测结果，利用 IF 指令完成电动机成品智能入库的程序设计。

参 考 文 献

[1] 左湘，李志谦，熊哲立. 工业机器人现场操作与编程案例教程（FANUC）[M]. 上海：复旦大学出版社，2020.

[2] 王志强，禹鑫燚，蒋庆斌. 工业机器人应用编程（FANUC）：初级[M]. 北京：高等教育出版社，2020.

[3] 黄维，余攀峰. FANUC 工业机器人离线编程与应用[M]. 北京：机械工业出版社，2020.

[4] 陈晓明，霍永红，项万明. 工业机器人应用编程（FANUC）：初级[M]. 北京：机械工业出版社，2021.

[5] 陈晓明，朱强，李玉爽. 工业机器人应用编程（FANUC）：中级[M]. 北京：机械工业出版社，2022.

[6] 林燕文，陈南江，许文稼. 工业机器人技术基础[M]. 北京：人民邮电出版社，2019.

[7] 王哲禄，何红军. 工业机器人应用编程与集成技术[M]. 北京：机械工业出版社，2022.

[8] 蒋正炎，郑秀丽. 工业机器人工作站安装与调试（ABB）[M]. 北京：机械工业出版社，2017.

[9] 王志强，禹鑫燚，蒋庆斌. 工业机器人应用编程（ABB）：中级[M]. 北京：高等教育出版社，2020.

[10] 杨杰忠，邹火军. 工业机器人操作与编程[M]. 北京：机械工业出版社，2017.

[11] 张明文. 工业机器人编程操作[M]. 北京：人民邮电出版社，2020.

[12] 邓三鹏，周旺发，祁宇明. ABB 工业机器人编程与操作[M]. 北京：机械工业出版社，2018.

[13] 双元教育. 工业机器人现场编程[M]. 北京：高等教育出版社，2018.